Ellen Bennett

Erst die Träume, dann die Details

Erst die Träume, dann die Details

Warum wir weniger nachdenken, sondern einfach machen sollten

ELLEN MARIE BENNETT

Übersetzung aus dem Englischen
von Britta Fietzke

REDLINE | VERLAG

Bibliografische Information der Deutschen Nationalbibliothek
Die Deutsche Nationalbibliothek verzeichnet diese Publikation in der Deutschen National-
bibliografie. Detaillierte bibliografische Daten sind im Internet über http://dnb.d-nb.de abrufbar.

Für Fragen und Anregungen
info@redline-verlag.de

1. Auflage 2022
© 2022 by Redline Verlag, ein Imprint der Münchner Verlagsgruppe GmbH
Türkenstraße 89
80799 München
Tel.: 089 651285-0
Fax: 089 652096

© der Originalausgabe 2021 by Ellen Bennett
Die englische Originalausgabe erschien 2021 bei Portfolio, einem Imprint der Penguin Publishing Group,
einer Abteilung von Penguin Random House LLC. unter dem Titel *Dream first, Details later.*

Danke an dieser Stelle für die Genehmigung zum Nachdruck der folgenden Bilder:
S. 2 Fotografie von Shayan Asgharnia; S. 11 Fotografie von Rick Poon; S. 72, 77 Fotografien mit freundli-
cher Genehmigung von Ellen Bennet; S. 97, 136 unten, Fotografien auf dem Vorsatzpapier © Mary Costa
Photography; S. 118, 136 oben, 137 oben, 221 Fotografien mit freundlicher Genehmigung von Hedley &
Bennett; S. 119 Fotografie von Bonnie Tsang; S. 137 unten Fotografie mit freundlicher Genehmigung von
Caesarstone 5143 White Attica; S. 157 Fotografie von Lily Glass; S. 160 Fotografie von Aviv Gattenuo;
S. 224 Fotografie von Anna Maria Zunino Noellert © Anna Maria Fotograf; S. 230 Fotografie von Julia
Stotz.

Übersetzung: Britta Fietzke
Redaktion: Christiane Otto
Umschlaggestaltung: Karina Braun
Umschlagabbildung: Shutterstock.com/Sansom.C
Satz: Christiane Schuster | www.kapazunder.de
Druck: Florjancic Tisk d.o.o., Slowenien
Printed in the EU

ISBN Print 978-3-86881-876-5
ISBN E-Book (PDF) 978-3-96267-393-2
ISBN E-Book (EPUB, Mobi) 978-3-96267-399-4

Wir produzieren
nachhaltig
www.m-vg.de

Weitere Informationen zum Verlag finden Sie unter

www.redline-verlag.de

Beachten Sie auch unsere weiteren Verlage unter www.m-vg.de

Dieses Buch widme ich meiner
Omi, meiner Mami und meinen
Tanten – also den starken
Mexikanerinnen, die mich aufzogen
und mir einbläuten, immer wieder
aufzukreuzen, niemals aufzugeben
und für das Richtige zu kämpfen.

Und all den Träumern, Machern und
Strippenziehern da draußen. Alles
ist möglich und es wert, angegangen
zu werden.

Inhalt

Prolog

VOR DEM AUFGEBEN ERST MAL ANFANGEN

»Hey, es gibt da dieses Mädel, das uns ein paar Schürzen fürs Restaurant herstellen wird«, verkündete Josef, der Küchenchef des Bäco Mercat in Los Angeles. »Willst du eine kaufen?«

Die Zeit blieb stehen. Als Köchin in Chefkoch Josefs Küche kannte ich diese Schürzenlieferantin nicht, wusste aber, dass ich *keine* von *ihr* wollte.

Herrgott noch mal. Sag ich jetzt was über mein Schürzenunternehmen? Na ja, es ist ja noch nicht mal ein richtiges Unternehmen, aber das WIRD es. Meine Schürzen werden dafür sorgen, dass sich die Träger fühlen, als seien sie als Personen etwas wert. Damit sie sich wie die großartigen Köche und Künstler und Macher fühlen, die sie nun einmal auch sind. Wir alle hassen das Tragegefühl dieser billigen, beschissenen, kratzenden Schürzen, die so passend sind wie Krankenhaushemden. Das ist meine Gelegenheit. Das Fährschiff der Möglichkeiten fuhr in den Hafen ein. Da musste ich drauf!

»Cheffe, ich habe ein Schürzenunternehmen!!«, sagte ich, wenn ich es auch dabei mit dem Tempus nicht so genau nahm. »Ich stell dir diese Schürzen her.«

»Was redest du da?«, fragte Chefkoch Josef zurück, während er mich mit seinem typischen stetigen, neugierigen Blick anschaute, der mir nur allzu vertraut war. »Du bist als Köchin angestellt.«

Das stimmte. Ich war eine Köchin in seiner Küche, mit meiner Station, zuständig für das Gemüseschneiden.

»Ich habe ein Schürzenunternehmen, Cheffe. Das habe ich vor Kurzem gegründet. Ich würde dir also liebend gerne diese Schürzen herstellen. Ich kann das! Was verlangt sie von dir? Woraus stellt sie sie her? Wie lange braucht sie dafür? Ich kann das schneller ... und besser.«

»Sie sagte was von sechs Wochen.«

Ich hörte ihm an, dass ihn dieser Zeitrahmen nicht allzu glücklich machte.

»Ich mach's in vier«, erwiderte ich.

»Wirklich?«, fragte er zurück.

»Wirklich!«, antwortete ich. »Ich arbeite sogar schon daran!« Na ja, ich hatte mit meinem Kollegen Kevin darüber gesprochen und wir hatten schon einen Antrag für den DBA eingereicht, die Mühlen waren also gerade erst in Gang gekommen. Es fühlte sich – zumindest für mich – schon ziemlich real an. Allerdings existierte das »Unternehmen« zuallererst nur in meinem Kopf. Es gab keine Designs. Keine Muster. Keinen Stoff im Lager. Ich wusste nicht einmal, wo ich Stoff kaufen würde. Und ich wusste definitiv nicht, wie man ein Unternehmen führte. Ich hatte zudem keine Infrastruktur und kannte auch niemanden, der mit einer Nähmaschine umgehen konnte. Ich hatte absolut keine Ahnung, wie lange auch nur einer dieser Punkte dauerte, geschweige denn alle. Aber ich würde es verdammt noch mal versuchen. Und es würde klappen.

»Okay, klingt gut, super«, sagte Chefkoch Josef.

Ach du heilige Scheiße! Wirklich?

Wenn ich diese Schürzen verkorkste, würde ich wohl auch meinen Job verlieren. Davon mal abgesehen, dass ich einen immensen Respekt vor und für Chefkoch Josef hatte, das ich hier also nicht vergeigen wollte. Ich durfte ihn einfach nicht enttäuschen – »NICHT« in Großbuchstaben. Ich meldete mich später zum Feierabend ab und rief Kevin mit der Nachricht an, dass wir nun eine Bestellung über 40 Einheiten hätten – und das, nachdem sich unser letztes Gespräch um die anfänglichen Entscheidungen (wie das Finden der Stoffe und Schnitte) gedreht hatte, wie wir unser Unternehmen denn nennen sollten.

Ich war zu diesem Traum, Schürzen herstellen zu wollen, gekommen, weil ich am Schichtende immer *Folgendes* beobachtet hatte: Die Leute aus der Küche zogen die Uniformen aus und holten sich danach drinnen ihre Sachen ab, wirkten dabei aber wie völlig andere Menschen. Nach der Arbeit in Zivil oder wenn ich sie zufällig sonntags auf dem Wochenmarkt traf, wirkten sie wie Normalos, beschwingter und entspannter. (Und wenn ich »sie« sage, meine ich »wir«.) Denn in unseren 08/15-Schürzen, die entweder vom Wäscheservice ausgeliehen oder möglichst billig eingekauft waren, sahen wir aus, als seien wir wertlos. Sie bestanden aus hauchdünnem papierähnlichem Material, das sich als Stoff durchmogeln wollte. Zudem waren sie so simpel konzipiert, dass sie sich nicht einmal am Hals verstellen ließen oder gar praktische Taschen für Pinzetten, Stifte oder einen Edding hatten. Und selbst wenn sie welche hatten, rissen diese bei der geringsten Belastung. Zum Feierabend schmissen wir sie in die Ecke, aber das Gefühl der Austauschbarkeit blieb an uns haften. Das musste sich ändern. *Fühlen sich eigentlich alle in der Küche so beschissen, bevor sie beschissen aussehen? Was wäre, wenn sie Dienstklamotten hätten, bei denen sie sich nicht nur wie ein Rädchen im Getriebe fühlten?*

Während Kevin und ich die Küchenbestellung am laufenden Band raushauten, brainstormten wir Ideen, die ich aufschrieb und in mein Rezeptebuch stopfte und es dann wieder wegsteckte, zusammen mit meinen Anmerkungen übers Kochen.

Zur Inspiration brauchte ich nur an meiner eigenen verhunzten Schürze herunterzuschauen: Meine Taschen blieben immer an den Griffen der niedrigen Kühlschubladen hängen und rissen ein, sodass der Stofffetzen (wie am seidenen Faden) herunterbaumelte. Zwischen den Bestellungen zeichnete ich Taschen mit verstärkten Ecken auf, die dem Küchenwahnsinn standhalten könnten.

»Also, was hältst du von dieser Schürze?«, fragte ich Kevin jedes Mal. Während er dann das Wagyū-Rind – oder für welches Fleisch auch immer er jeweils während dieser Schicht zuständig war – briet, würden wir uns kurz austauschen, bevor ich zu meinem Posten in der Küche zurückschwirrte. Er war viel analytischer als ich, wir ergänzten uns also perfekt.

Allerdings hatten Kevin und ich jetzt nach wie vor weder einen Plan, Materialien oder einen Herstellungsprozess. Uns blieben jetzt nur vier Wochen Zeit, um uns um all das zu kümmern. Unter diesen Umständen hätte ich leicht in einen von zwei Notzuständen verfallen können:

Ich hätte mich dermaßen ohnmächtig fühlen können, weil ich nicht wusste, was als Nächstes anstand, dass ich meinen Kopf nur noch in den Sand gesteckt hätte, in der Hoffnung, dass alles von allein verschwinden würde. *Was hatte ich mir nur dabei gedacht?! Ich weiß nicht, ob ich das kann. Das ist doch verrückt.*

Ich hätte versuchen können, jedes kleine unternehmerische Detail durchzutakten, bevor ich in den Prozess selbst gestartet wäre, ich hätte also jeden Schritt überanalysieren können, sodass sich der komplette Produktionsprozess in ein dickes Wollknäuel voller verpasster Fälligkeitstermine und gescheiterter Pläne verwandelt hätte.

STATTDESSEN ENTSCHIED ICH MICH FÜR DEN FORTSCHRITT und gegen die Perfektion und behalf mich mit der bisher immer äußerst hilfreichen Methode: einfach machen. Ausprobieren. Scheitern. Daraus lernen. Sich ins Zeug legen. Wieder ausprobieren. Und unermüdlich weitermachen. Ich sprang schon seit jungen Jahren immer wieder von kleinen Abhängen, ohne nach unten zu schauen – sei es das eine Mal, als ich ohne Erlaubnis alle Zimmer in unserem Haus neu gestrichen hatte, während meine Mutter bei der Arbeit war (was sie später, ruhig und besonnen, mit einem »nett« kommentierte), oder das andere Mal, als ich mir als neunmalkluge Gymnasiastin die Familienfinanzen zur Brust nahm, weil meine alleinerziehende Mutter völlig gestresst vom Thema Geld war. (Im Zuge dessen habe ich mich dann mit Scheckbüchern und der Haushaltsführung vertraut gemacht.)

BELASTBAR-KEIT
=
KRIEGSVER-LETZUNGEN
+
DURCHHALTE-VERMÖGEN

Aber es ist nicht so, dass ich die Landungen immer gut überstanden hätte. Bei Weitem nicht. Ich hatte bereits gelernt, dass Fehler unvermeidbar waren, vor allem beim Rennen. Aber ich merkte schnell, dass ich alles irgendwie herausfinden würde, solang ich nur in Bewegung, in Aktion bliebe.

Okay, was brauchen wir, um Schürzen herstellen zu können?

Na ja, ein Muster, Material, Näher und Näherinnen, und um auch nur irgendetwas davon zu schaffen, brauchten wir Geld und die Grundzüge eines Plans. Als Köchin verdiente ich zehn Dollar die Stunde (damaliges Mindestlohnniveau), also lange nicht genug, um ein ganzes Unternehmen zu wagen. Ich bat daher meinen Küchenchef Josef um einen Vorschuss und wir einigten uns auf die Hälfte des Verkaufspreises, was ungefähr auf 750 Dollar herauskam. Wir ergänzten dieses Geld mit unserem Notgroschen über 500 Dollar. Das war immer noch nicht wirklich viel für eine Unternehmensgründung. Ich besaß nicht einmal eine Nähmaschine (oder hätte diese gar bedienen können). Aber ich wusste, was ich machen wollte, und grob auch, wie die Schürzen aussehen sollten. Also brauchten wir jetzt helfende Hände – und am besten schon gestern.

Kevin wollte mich einem seiner Freunde vorstellen, einem weiteren Kevin. Kevin Carney gehörte das Design- und Vertriebsunternehmen Mohawk General Store. Mir wurde schnell klar, dass er das Know-how besaß, um ein Muster zu erstellen – juhu! Ich war mir nicht sicher, wie viel er dafür wollte, aber dachte mir, dass es mehr sein würde, als wir uns leisten könnten. Also dachte ich darüber nach, was wir ihm statt Geld anbieten könnten: *Na ja, also ich arbeite als Köchin für Privatpersonen, für das Bäco Mercat und für das Providence, was immerhin ein Zweisternerestaurant ist, und Menschen lieben doch gutes Essen. Könnten wir ihm nicht Essen und Mahlzeiten im Tausch gegen das anbieten, was wir brauchen, um dieses Unternehmen zum Laufen zu bekommen?*

Wenn man sich einen Traum erfüllen will, ist es in Ordnung, bei dem Versuch ein wenig schamlos, ein wenig rüpelig und sichtbar zu sein! **Lass dir niemals von jemandem einreden, dass du dich dafür schämen solltest,** aus deinem Leben etwas machen zu wollen. Lass deine Schüchternheit zu Hause, dort kann sie der Angst vor »Und wenn sie Nein sagen?« Gesellschaft leisten. Und vergiss die Menschen, die bereits Nein gesagt haben.

»Ich koche für das ziemlich schicke Providence, also ...«, verkündete ich Mohawk-General-Kevin. »Ich bereite dir Essen zu, dafür erstellst du mir diese Vorlage. Abgemacht?«

Seine nach oben gezogenen Augenbrauen signalisierten Skepsis, aber eben auch Neugier, also schlug er ein. Klar, er dachte sicherlich, ich sei ein wenig verrückt und furchtbar verzweifelt, aber solang ich mein Muster erhielt, war mir das ziemlich egal. Ich musste schließlich einen Auftrag erfüllen!

Während Mohawk-General-Kevin in meiner heruntergekommenen Küche saß und meine Mitbewohner vorbeiliefen, bereitete ich ihm ein einfaches, aber wunderschönes Omelett mit Salat zu. Er stellte sich flink an bei der Mustererstellung, mal das Papier gegen das Licht haltend, dann etwas wegschneidend, hier ausbessernd, dort verlängernd. Und bevor ich michs versah, war das Muster fertig.

Dann stellte Mohawk-General-Kevin einen Kontakt zwischen uns und jemandem her, der einen Schuster kannte, der mal mit einem Typen zusammengearbeitet hatte, der Leder für ihn zurechtgeschnitten hatte. Meine Spanischkenntnisse waren jetzt von Vorteil. Er lud uns in sein »Atelier« ein, das sich in einer Sackgasse befand, die voller alter, ramponierter Autos, streunender Hunde und einem wohl völlig heruntergekommenen Gabelstapler war. Es war eine kleine, einfache Nähfabrik, die bei jemandem zu Hause eingerichtet worden war. Er selbst war ein *schmatta* der alten Schule (jiddischer Slang für Lumpenverkäufer/jemanden in der Bekleidungsindustrie) – vom Leben geprägt, aber eindeutig mit vielen Erfahrungswerten in der Tasche. Außerdem hatte er einen Typen an der Hand, Jose, der für uns nähen könnte. Wir einigten uns also sofort, ich gab ihm sowohl die Vorlage als auch den von uns ausgesuchten Musterstoff und wir holten ihn an Bord. Er war ein Profi – und er fand sich mit der Tatsache ab, dass wir genau das nicht waren.

Als wir einige Tage später unser erstes Muster von ihm erhielten und es anprobierten, zeigte sich unsere Nichtprofihaftigkeit auf ganzer Linie – Brüste und Hüften hingen überall an den Seiten heraus. Also überarbeiteten wir die Vorlage, bekamen unser neues Muster. Das allerdings saß nun an den Knie nicht richtig. Und es warf überall Falten. Also nahmen wir hinten ein paar Zentimeter weg. Optimieren. Anpassen. Verbessern.

Es brauchte fast ebenso viele Durchläufe, bis wir das richtige Material fanden. Wir wussten nichts vom vorherigen Einlaufen, von Qualitäten, Gewichten oder Herkünften (soooo viele Details). Also schnappte sich Kevin die 27 Meter Stoff – bei dem wir gedacht hatten, es sei erstklassiger Denim – und ging zum Waschsalon. Er wusch es, ließ es trocknen. Allerdings sah es danach nicht gänzlich richtig aus, also stellten wir uns nebeneinander an zwei Bügelbretter und versuchten, die – tatsächlich ziemlich heftigen, fast schon dauerhaften – Falten auszubügeln. Als wir daran scheiterten, mussten wir neuen Stoff kaufen. Und wieder ganz von vorn beginnen.

Dennoch schafften wir es irgendwie ans Ende des Prozesses: mit Schürzen in der Hand. Wohl, weil wir schlicht keine Zeit gehabt hatten, unsere Fehler zu analysieren oder unseren Prozess zu überarbeiten – wir mussten es einfach, und das vor allem schnell, schaffen.

Ich lieferte also die Bestellung bei Chefkoch Josef an. Pünktlich. Halleluja! Es war so aufregend!

Die Schürzen waren gebügelt und so akkurat gestapelt, als seien sie Kaugummistreifen in der Verpackung. Ich platzte fast vor Stolz. Aber das Beste daran war tatsächlich die Tatsache, dass die Köche ihre Köpfe etwas höher trugen und stolzer aussahen, als sie die Schürzen anzogen. Sie waren glücklich über die bessere Montur, aber – und ich glaube, das war der weitaus wichtigere Teil – sie waren vor allem glücklich darüber, dass jemand an sie und all die Details gedacht

▲ Mit Chefkoch Josef und der Crew des Bäco Mercat in unseren ersten Schürzen

hatte, die in etwas einflossen, das für ihren Job funktional und schön sein musste.

• • •

DAS WAR DER UNVERHOFFTE ANFANG meines mehrere Millionen schweren Unternehmens und ein wichtiger Schritt auf meinem Weg zu einer richtigen Unternehmerin. Ich schreibe diesen Erfolg einer Menge Stehvermögen, Glück, der Hilfe vieler, aber vor allem auch meiner Versuchsbereitschaft zu. Wir verbringen viel zu viel Zeit mit der Planung, der Bewertung und dann der Entscheidung, dass es nicht machbar sei, statt uns die Zeit zu nehmen, um uns dieser wilden Ideen anzunehmen und uns durch den Dschungel der Unwägbarkeiten durchzukämpfen und die Idee wahr werden zu lassen. Das ist die Reise. Und ich habe dieses Buch geschrieben, um dir zu zeigen, dass es möglich ist.

Von den zwei Kulturen in meinem Leben und meiner Erziehung inspiriert, habe ich mein Unternehmen Hedley & Bennett genannt. Zuerst nach meinem englischen Großvater Hedley Bennett, einem Maschinenbauingenieur und richtigen Raketentechniker, der von überaus analytischer Natur war. Außerdem hatte ich meinen Spitznamen Bennett von meinem Boss Cimarusti in der Küche bekommen, der für mich die eher südländische Seite meiner Welt und Erziehung symbolisierte – mit ein wenig Feuer und Farbe. Alle Aspekte von H&B hatte ich von Anfang an so gedacht, dass sie meine Herkunft und das ausdrücken sollten, was ich mit anderen teilen wollte: dass die Menschen eben mit jeder einzelnen Schürze miteinander verbunden wurden und so die Welt einnahmen.

Unsere Ausrüstung wird nun überall auf der Welt getragen, in Tausenden Restaurants und von unendlich vielen Köchen zu Hause. Ich wollte die beste Schürze aller Zeiten erschaffen, aber tatsächlich veränderte ich den Blick, den Arbeitgeber auf die heutige Arbeiterschicht haben – und die Art, wie sich die Menschen in der Küche fühlen und aussehen. Nach so vielen Jahren der Zusammenarbeit mit Köchen an vorderster Front waren unsere Schürzen ein Bindeglied zwischen den beruflich Kochenden und den Hobbyköchen, denn es sollte keinen Unterschied machen, wer man ist: Sobald man H&B trägt, ist man ein richtiger Koch und die Welt sollte einem zu Füßen liegen. Diese ursprüngliche Idee wurde zur Grundlage für die Community Tausender kochender Menschen, die das H&B-Logo stolz und offen auf der Brust tragen. Es ist weitaus mehr als nur eine Uniform. Es ist eine Lebenseinstellung.

Auf den kommenden Seiten wirst du erfahren, wie ich mein Unternehmen erschuf, ausgehend von einem Traum, mich mit den Details erst später beschäftigend. Es ist auch eine Geschichte darüber, wie ich große Sprünge wagte und warum du das eben auch tun solltest. Sei es bei einer Unternehmensgründung, bei dem Beginn eines persönlichen Projekts, auf der Suche nach dem Mut, dem Chef eine verrückte Idee vorzustellen, oder weil du endlich die Prokrastination Prokrastination sein lassen möchtest und dein Leben leben willst: Du kannst dieses Buch als Inspiration und Motivation nutzen, um den Weg aus deinem Kopf ins Handeln zu finden. Wir ALLE haben diesen unternehmerischen Funken in uns, und wir ALLE KÖNNEN die Veränderung sein, die wir sehen wollen, also hör auf, dich zu fragen, ob, sondern fang lieber an, die Idee explosionsartig zur Realität werden zu lassen.

Denn es ist nun einmal wahr, dass man auch zu Sachen Ja sagen kann, bei denen man nicht weiß, wie man sie dann angehen sollte, um dann die eigene kreative Problemlösungssuperkraft – sowie Herz und Hirn – zu nutzen, um sich dann den Shitstorms entgegenzustellen.

Ich hätte die Idee gut und gern auf eine Zeit verschieben können, in der ich weniger auf dem Schirm hatte. Ich schuftete bereits in drei Jobs, brauchte also wahrlich kein viertes Projekt! Und dabei nicht einfach nur irgendein Projekt, sondern gleich eins als

Hatte ich:

- ein Ziel, einen Nordstern,
- Chuzpe,

- Dabei-bleib-ich-keit,
- Stehvermögen,

- DBA (Doing Business As)
- drei Jobs,

- ein Händchen für Problemlösungen,
- 500 Dollar an Ersparnissen,

- meine charakterstarken mexikanischen Omi, Mami und Tanten, die alles packen konnten, obwohl sie keinerlei Mittel zur Verfügung gehabt hatten,

- zwei Chefköche, die mir eine Chance gegeben und mir in eine eng verbundene Community hineingeholfen hatten: Cheffe Josef Centeno brachte mir das nötige Stehvermögen bei; Cheffe Cimarusti die Aufmerksamkeit zum Detail und zur Perfektion,

- demütigen Enthusiasmus, auch mal zu scheitern,
- eine Bereitschaft,

- mich selbst als meine eigene Cheerleaderin,
- meine Koch-Community,

- den Mut, Fehlern ins Auge zu sehen.

Und das hatte ich nicht:

■ einen Abschluss nach vier Jahren an der Universität,

■ einen Businessplan, ■ einen MBA,

■ ein Sparbuch voller Geld, ■ Treuhandfonds,

■ ein Darlehen,

■ Investoren,

■ Erfahrungen mit Design oder der Herstellung von Kleidung,

■ Erfahrungen mit der Arbeit in einem traditionellen Unternehmen,

■ Mitgründer (Kevin half mir beim Start, aber ich war nach einigen Monaten dann auf mich allein gestellt).

> **Das, was du hast, übertrifft alles, was du nicht hast,** und manchmal stellt sich das, was du erst als Defizit siehst, als Vorteil heraus.

Gründerin und Person, die für alles in einem Unternehmen zuständig war, das nach und nach erst entstand. Hätte ich aber gewartet, bis ich gut organisiert und vorbereitet gewesen wäre, wäre ich es nie angegangen.

Wenn man seinen Traum zur Realität macht – aus der Komfortzone des normalen Publikums oder Kanals ausbricht –, ist die erste große Hürde die Stimme im eigenen Kopf, die einem einreden will, man sei noch nicht gaaaaanz so weit.

Manche sagen, dass der Erfolg sich einstelle, wenn Vorbereitung auf Möglichkeiten treffe. Hilfreicher finde ich da den Rat, dass man nie wirklich vorbereitet ist. Zumindest nicht IN GÄNZE vorbereitet. Man wird nie alle Zweifel los.

Bevor dich also die realen Stolpersteine zu Fall bringen wollen – und das werden sie wollen –, musst du dich erst einmal durch den Dschungel deiner eigenen Zweifel und Vorbehalte kämpfen. Diese Zweifel tun gern so, als seien sie rationaler Natur, aber sie erwachsen eher aus der Angst heraus.

Dennoch musst du springen. Wenn du loslegst, bevor du vollständig vorbereitet bist, kannst du dein Konzept am ehesten lernen, überarbeiten, anpassen und verbessern. Wir wussten nicht, dass unsere Vorlage – oder unser Material oder die Bänder – angepasst werden musste, bis wir ein Muster erstellen ließen. Wir fanden es heraus und lernten auf dem Weg. Das fühlte sich zwar nicht gut an, brachte das Unternehmen aber auch nicht um. Es stellte sich vielmehr heraus, dass mein kleiner Mitarbeiterstab und ich weitaus mehr überleben konnten, als wir gedacht hatten, und dass die Schlaglöcher auf der Straße nicht nur Teil dieser waren, sondern Teil der verdammten Reise UND des Wegs nach vorn.

Der Leitfaden zum Überleben des Auf-den-Hintern-fallen-und-wieder-Aufstehens findet sich übrigens auch auf den folgenden Seiten.

Ich weiß, dass es nicht einfach ist, in das große Unbekannte des eigenen Traums zu preschen. Vielleicht ist dein Traum momentan auch eher eine Ahnung, ein Samenkorn einer Idee, die dir erst jüngst gekommen ist. Vielleicht ist sie so ganz anders als alles da draußen, sodass du noch mit niemandem darüber geredet hast, weil du Angst hattest, was sie dazu sagen, denken oder fühlen könnten. Oder vielleicht wächst dieser Traum auch bereits seit Jahren in deinem Kopf vor sich hin, und du hast unzählige Notizbücher gefüllt, Unmengen an Büchern gelesen und stundenlang nachgegrübelt, was gut gehen und was schieflaufen könnte. Aber dennoch sitzt du jetzt hier, auf der Stelle festgefroren.

Falls irgendetwas davon dich beschreibt, bin ich froh, dass du hier bist. Du hast mich gefunden: die »Erst die Träume, dann die Details«-Verrückte. Nicht nur meine Denkart ist so, sondern ich als Person bin so. Es ist mir fast in die Gene geschrieben – auf Gedeih und Verderb. Ich habe mich selbst am Hals, wie eben auch meine ganzen versponnenen Triebe, Ideen in die Tat umzusetzen, unabhängig vom Risiko. So wie du dich mit der Machete durch den Dschungel arbeitest, musst du deinen eigenen Weg finden – niemand war vor dir da und hat dir einen Weg geebnet. Also hör auf, dir das Abenteuer vorzustellen, sondern schmeiß dich in den Ozean des Lebens. Lass es uns angehen!

Wie man sich auf eine lebens-

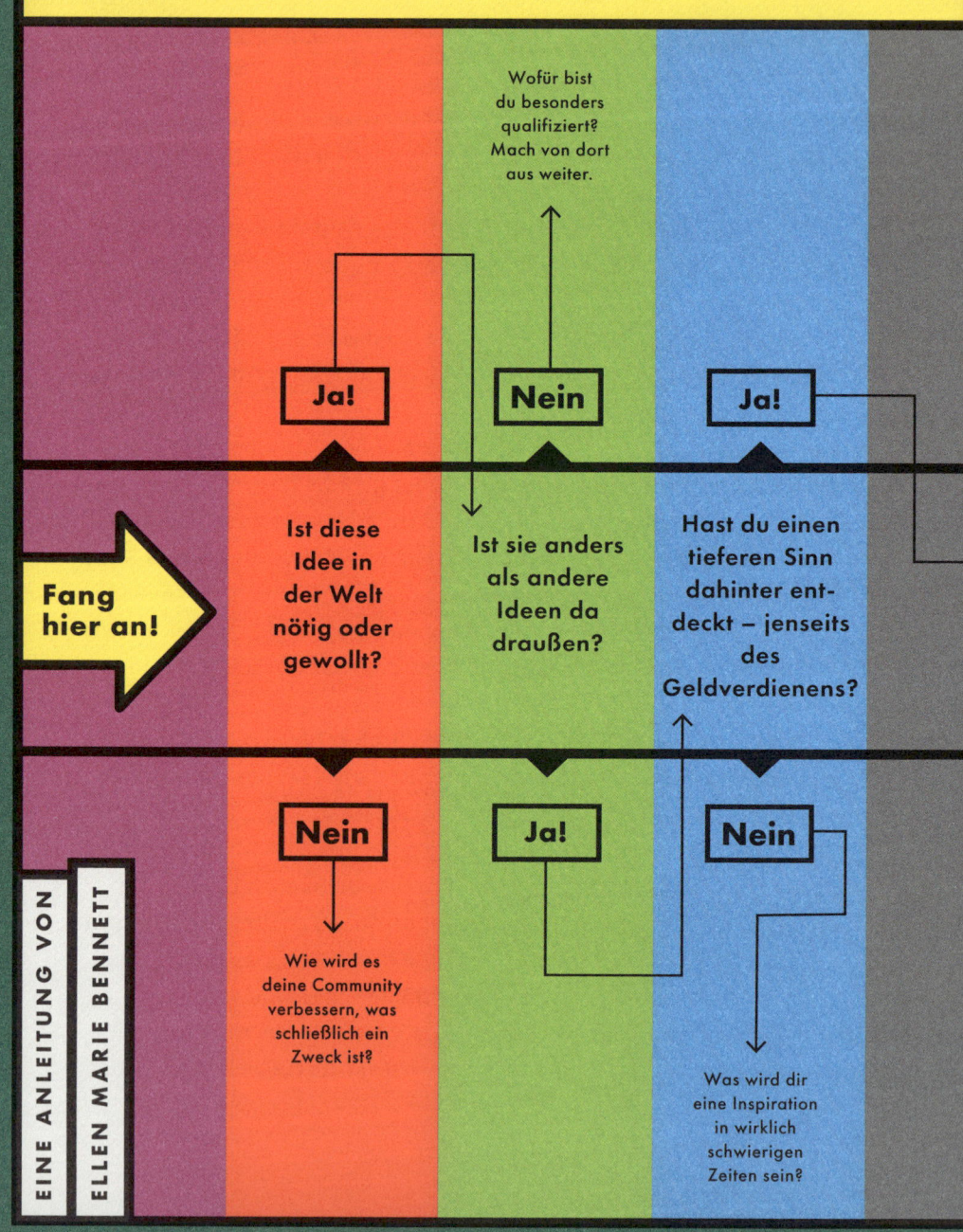

Wofür bist du besonders qualifiziert? Mach von dort aus weiter.

Ja!

Nein

Ja!

Fang hier an!

Ist diese Idee in der Welt nötig oder gewollt?

Ist sie anders als andere Ideen da draußen?

Hast du einen tieferen Sinn dahinter entdeckt – jenseits des Geldverdienens?

Nein

Ja!

Nein

Wie wird es deine Community verbessern, was schließlich ein Zweck ist?

Was wird dir eine Inspiration in wirklich schwierigen Zeiten sein?

EINE ANLEITUNG VON

ELLEN MARIE BENNETT

verändernde Reise begibt

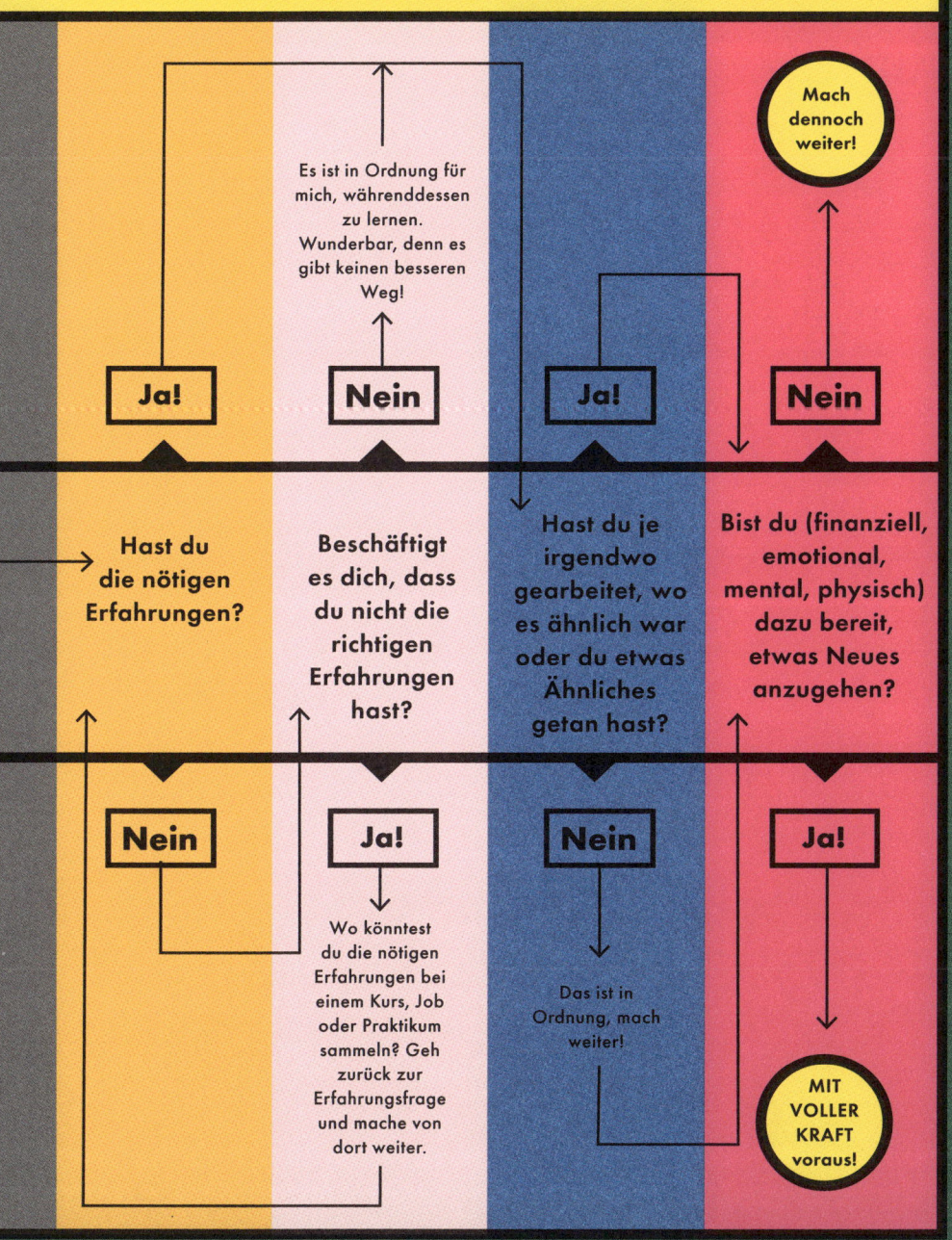

Mach dennoch weiter!

Es ist in Ordnung für mich, währenddessen zu lernen. Wunderbar, denn es gibt keinen besseren Weg!

Ja!

Nein

Ja!

Nein

Hast du die nötigen Erfahrungen?

Beschäftigt es dich, dass du nicht die richtigen Erfahrungen hast?

Hast du je irgendwo gearbeitet, wo es ähnlich war oder du etwas Ähnliches getan hast?

Bist du (finanziell, emotional, mental, physisch) dazu bereit, etwas Neues anzugehen?

Nein

Ja!

Nein

Ja!

Wo könntest du die nötigen Erfahrungen bei einem Kurs, Job oder Praktikum sammeln? Geh zurück zur Erfahrungsfrage und mache von dort weiter.

Das ist in Ordnung, mach weiter!

MIT VOLLER KRAFT voraus!

1

HINFALLEN, AUFSTEHEN, KRONE RICHTEN, WEITERLAUFEN

➡️ »Bennett!«, brüllte Cheffe eines Abends, nachdem ich ihm ein paar Tage vorher stolz unsere erste Lieferung übergeben hatte.

»Die Schürzen sind Schrott! Die Bänder rutschen ... Was'n das für'n Mist?«

Ach, scheiße, scheiße, scheißeeeeee. Ich war eigentlich wie ein Tennisball, der zwischen seinem Posten, den sechs Kochzonen hinter mir, dem nahe gelegenen Eingang und dem Abwaschbecken in der Vorbereitungsecke hin und her hüpfte. Aber jetzt kam ich abrupt zum Stehen, und die emsige Bäco Küche hielt gefühlt gleich mit mir inne.

Das war mein erster Kunde, meine erste Chance, und irgendwie hatte ich sie vermasselt.

Ich bekam feuchte Hände. Eine Serie aus »Scheiße, Mist, Verflucht« ging mir durch den Kopf. Ich schaute den Koch neben mir an, der mit aufgerissenen, nervösen Augen zurückschaute.

Ich flitzte los zu Chefkoch Josef, rief »Achtung, von hinten«, während ich an den anderen Vorbereitungsköchen vorbei in Richtung seines Büros schoss. Ich stand da, schlotterte in meinen Clogs und hörte mir an, was er zu sagen hatte. Dabei versuchte ich, den Schaden einzuschätzen, und starrte auf die verdammten Schürzen, angefangen mit meiner eigenen. Noch wichtiger aber war, dass ich bis zum Schichtende dann die anderen Schürzen im Auge behielt, die von echten Köchen bei der Arbeit in einer wirklichen Profiküche getragen wurden, inklusive mir. Japp, ihre Schwachstellen waren offensichtlich. Er hatte recht.

● ● ●

CHEFKOCH JOSEFS MEINUNG war mir irrsinnig wichtig – als Mentor und als Chef –, aber jetzt war er unzufrieden mit mir, mit meinem Produkt und mit meinem Unternehmen. Sogar Souschef Andy, der seine Schürze liebte, hatte mir stolz gezeigt, wie er mithilfe einer Steckschnalle und einem Band den Stoff im Rücken zusammenhielt, damit die Schürze korrekt saß. Ich sah ihm an, dass er schon froh war, eine bessere Schürze bekommen zu haben, aber ich, nicht er, hätte das Design perfekt hinbekommen müssen. Ich hatte erst geglaubt, ich hätte einen Volltreffer gelandet, aber jetzt setzte die emotionale Achterbahnfahrt ein: *Vielleicht waren wir dem nicht gewachsen. Hätten wir es gar nicht erst versuchen sollen? Oh Mann, das hab ich versemmelt …*

Aber Moment mal … Das konnte ich noch richten. *Du kannst jetzt verdammt noch mal nicht aufgeben – du stehst doch echt erst am Anfang!!!!*

Ich holte also tief Luft und erwiderte in einer ruhigen, halbwegs festen Stimme auf Josefs Tirade: »Cheffe, das verstehe ich, du hast

Sechs Aspekte, die bei meinen ersten Schürzen falsch waren

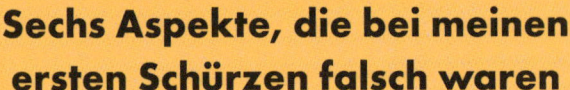

● Die Bänder waren ineffektiv, rutschten alle fünf Sekunden herunter und waren nicht wirklich verstellbar.

● Auch wenn sie auf den ersten Blick gut aussahen, bemerkte man bei genauerem Hinsehen, dass sie nicht gut verarbeitet waren (es waren nicht alle Fäden nach dem Nähen abgeschnitten worden).

● Es gab keine Einheitlichkeit bei den Schürzen und manche Taschen waren so ein ganz klein wenig schief, während andere perfekt symmetrisch angelegt waren.

● Die Taschen waren nicht stabil genug, um dem Trubel im Leben eines Kochs standzuhalten – sie mussten unbedingt verstärkt werden.

● Selbst nach unserem Wasch-salonabenteuer war das Material nicht vollständig vorgewaschen und schlug mehr Falten, als es sollte, außerdem hatten wir sie nicht genug getestet, und sie färbten noch ein wenig ab.

● Die Riemen, die flach aufliegen sollten, falteten sich beim Waschen zusammen.

völlig recht. Die Schürzen müssen besser sein. Mein Vorschlag: Gib mir die Hälfte zurück, damit das Team in den restlichen erst einmal arbeiten kann. Ich optimiere sie dann peu à peu. Die fertigen bringe ich zurück und wir können sie wieder verteilen. Danach nehme ich mir den Rest vor. Und vielen Dank für deine ehrliche Rückmeldung, ich kümmere mich darum.«

Mit einem leichten, aber standhaften Lächeln verließ ich das Büro. Ich spürte in meinem Bauch das gleiche Feuer, das sich auch bei meiner ersten Bestellung gemeldet hatte.

Ich hatte nun ein kleines Zeitfenster, um das alles geradezubiegen, also schnappte Ich mir das bisschen Geld, das wir an der Bestellung verdient hatten, also nur noch ein paar Hundert Dollar, nachdem wir das Material hatten zweimal kaufen müssen, und bezahlte unseren Näher. Ich stockte unsere Materialien für die nächste Lieferung von Cheffes Schürzen auf. Theoretisch waren die ersten Schürzen visuell richtig gewesen, aber jetzt hatte ich tatsächliches Feedback bekommen, von einer Art Fokusgruppe, die mir berichtete, auf welche Weise mein Produkt noch nicht funktionierte. Das wirkte wie ein Licht am Ende des Tunnels, wenn ich sie jetzt richtig hinbekommen könnte. Aber wie?

Ich sprach mir selbst aufmunternde Worte zu: Ich sitze jetzt am Steuer, und auf dem Weg wird es einige Straßen mit beschissenem Belag geben, also *HÄNDE ANS STEUER, BENNETT*.

Mit all diesem mir neuen Kontext ging ich zurück zum Stoffladen, wo wir auch das ursprüngliche Material gekauft hatten, und stöberte mich Stunden über Stunden durch die verschiedenen Möglichkeiten, fasste alles an, hielt mir die verschiedenen Gewebearten möglichst nah vor Augen, wog die Vor- und Nachteile ab, selbst wenn die Unterschiede teilweise so klitzeklein waren, dass man sie fast nicht sehen konnte. Aber ich wusste einfach, dass dies der einzige Weg war, um meine Lösung zu finden. Und irgendwann gelang mir genau das.

Wenn du dich vor einem überwältigenden Problem wiederfindest, stelle dich vor ein Whiteboard oder ein großes Blatt Papier und schreib alle Lösungswege auf, die dir einfallen. ==Versetze dich in ein lösungsorientiertes Mindset und denke keine Sekunde lang: *Oh, wehe mir. Wie konnte das passieren?*== Mache dir stattdessen bewusst, dass du das Ganze lenkst, und frage dich, was du tun kannst, um es auf den richtigen Weg zu bringen. Und dann: Mach dich ans Werk!

Letztlich kaufte ich erstklassigen Denim, der dicker, haltbarer war und sich somit besser waschen ließ – also dann keine Falten schlug und besser am Körper saß.

Als ich die Bänder überdenken musste, richtete ich den gleichen Laserfokus auf meinen Problemlösungsprozess. Ich kaufte nicht einfach noch mehr von dem roten Band aus Köpergewebe, die wir für unsere erste Runde schon genutzt hatten. Dieses Mal musste ich es einfach richtig hinbekommen. Ich entdeckte also am Rand von Los Angeles, in Vernon, einem industriellen Viertel, in dem ich vorher noch nie gewesen war, diesen Laden namens Trims 4 Less. Es war so weit draußen von der Innenstadt, dass es sich ein wenig anfühlte wie eine Reise zum Mars. (Lustigerweise ist es nicht allzu weit vom heutigen H&B-Sitz entfernt, aber dazu später mehr.)

Dieser Laden war wie ein richtiges Wunderland für alle möglichen Schnitte, Akzente und Bänder, die man sich nur wünschen konnte (und ein wenig Kram, der so esoterisch und spezifisch war, dass man nie auf die Idee käme, ihn sich zu wünschen, wie Zackenlitzen, Puschel und Metallbesätze). Die Verkleidungsbalken mit Zierleisten ragten bis zu vier Metern in die Höhe. Sie hatten vielleicht hundert verschiedene Gewebearten mit jeder nur erdenklichen Dicke und Dichte auf Lager. Ich durchstreifte den Laden, schnitt mir kleine Muster ab, hielt sie in den Händen, zog an ihnen, ließ sie flach aufliegen und versuchte mir vorzustellen, welches die beste Variante für ein Band wäre.

Selbst nach all dem Aufwand fand ich dort nicht das richtige Gewebe. Das musste also wieder warten. Aber immerhin stolperte ich über fantastische Teile aus Messing, die einen klassischen, zeitlosen Look hatten und die wir bis heute für die Bänder nutzen.

Während meines Bandabenteuers legte ich zudem Wert darauf, mich dem Besitzer des Ladens vorzustellen. Wie ich mir schon gedacht hatte, arbeiteten wir die folgenden Jahre danach eng zusammen und wurden sogar Freunde. Wenn sich also die Gelegenheit ergibt, Beziehungen zu anderen aufzubauen, nutze sie! Letztlich geht es doch schließlich auch genau darum.

Meine ersten Kunden wurden Teil meiner einzigartigsten Beziehungen. Cheffe Josef zum Beispiel gab mir den Raum, um mich auszuprobieren. Er ging nicht davon aus, dass ich scheitern, sondern dass ich es richtig machen würde. Also benutzte ich den Chefkoch und meine Kochkollegen als Versuchskaninchen, erkannte an ihnen, wie und warum manche Schürzen während der Arbeit nicht funktionierten. Wir waren zusammen in einen kleinen Raum gepfercht, ich bekam also leichter im Vorbeigehen Rückmeldungen von ihnen, wie eine Art entspannte Variante einer Vor-Ort-Marktforschung (mit mehr Flüchen). Ich nutzte auch wieder mein kleines Rezeptebuch, in dem ich all meine Notizen festhielt. Zeit der Wahrheit: Wenn ich ein nachhaltiges und langfristiges Unternehmen führen wollte, musste ich dementsprechend mit meinen Kunden nachhaltige Beziehungen eingehen und mein Material dahingehend auswählen. Im Folgenden ein paar der schnellen Verbesserungen, die ich in der damaligen Woche vornahm:

- ☐ **Meine Stoffe vorher testwaschen.**

- ☐ **Alle Taschenecken mit doppelter Nadel vernähen, um das Ein- und Abreißen zu verhindern.**

- ☐ **Wieder und immer wieder das Band überdenken (letztlich war das die wichtigste Verbesserung).**

Ich glaube, wir haben zehn oder zwölf verschiedene Bänder innerhalb von einigen Tagen entwickelt. Ich ackerte mich von Prototyp zu Prototyp und testete meinen Entwurf während jedes einzelnen Schritts. Der Clou dabei war natürlich, dass es Menschen in allen möglichen Größen und Formen gibt. Bis ich also herausgefunden hatte, wie meine Schürzen sich auf jeden Einzelnen einstellen ließen und danach wie angegossen saßen, würden die Menschen nicht das Selbstbewusstsein und positive Gefühl aus dem Tragen ziehen, das ich seit meinem Schürzen-Aha-Erlebnis anstrebte. Das Band war eins meiner Geheimwaffen, ich musste nur noch herausfinden, wie ich sie am besten einsetzen könnte.

Nach zwei Wochen, die sich anfühlten wie zwei Jahre, hatten wir das Hedley-&-Bennett-Bandsystem entworfen, das wir bis heute nutzen. Und das ohne jeglichen Spielraum für Fehler. Wir brauchten eine Lösung. Und zwar sofort. Das neue Band war nicht nur ein Polycotton-Schuhsenkel, wie man ihn an 08/15-Schürzen findet, aber eben auch kein Band aus Köpermaterial, wie wir es für den ersten Entwurf verwendet hatten, was, wie ich mir inzwischen eingestand, keine sonderlich gute Idee gewesen war. Ich hatte endlich mein perfektes Gewebe gefunden: 100 Prozent Baumwolle, in Amerika hergestellt, wunderschön, haltbar und – vor allem – FUNKTIONAL! Es fühlte sich beim Tragen besser an. Ich hatte eine neue Herangehensweise entdeckt: ein verstellbares Band. Nebst dem perfekten, zufällig entdeckten Schieber aus Messing war es nun ein kugelsicheres Banddesign – unzerstörbar und für jede Größe perfekt einstellbar. Außerdem konnte ich es färben. Das hieß, dass ich es für unterschiedliche Restaurants individuell abändern konnte. Das war keine schnelle Lösung, sondern der Weg in die Zukunft.

Man könnte jetzt meinen, dass all das wunderbar wäre, ich mir aber viele Sorgen und viel Unangenehmes hätte ersparen können, wenn ich das Design einfach vor der ersten Auslieferung getestet hätte. Darauf gibt es aber nur eine Antwort: Der effizienteste Weg, um sein eigenes Konzept auszufeilen, ist, es in die Welt zu setzen. Kevin und ich waren nur zu zweit, mit unseren Körpergrößen und -bauten. Und auch wenn wir die Schürzen bei mir zu Hause anprobiert hatten, sahen wir sie nicht in ihrer natürlichen Umgebung, inklusive dem dort vorherrschenden Stress und den dazugehörigen Spritzern. Erst nachdem wir unsere erste Schürze in die Wildnis entlassen hatten, bekamen wir ehrliche Rückmeldungen darüber, wo sie nicht den Erwartungen entsprach – worauf wir dann unsere bessere Schürze aufbauen konnten. Um also diesen Entstehungsprozess zu durchlaufen, mussten wir für unsere Egos ein paar blaue Augen und Todesangst in Kauf nehmen, weil das nun einmal zum verdammten ersten Hinfallen dazugehört. Es gab keine Simulation, die uns dieselben Informationen hätten liefern können oder denselben Druck ausgelöst hätte, doch eine wahre Lösung zu finden, statt nur einer schnellen. So unbequem das also war, so sehr machten wir es dann doch richtig.

Wenn Voraussicht immer 100 Prozent akkurat wäre – ich also die Zukunft voraussagen könnte –, dann hätte ich wohl in den ersten paar Jahren von H&B einiges anders gemacht. Eins jedoch hätte ich nicht geändert: AUSPROBIEREN. Ich weiß, wie nervenaufreibend das sein kann, aber Mut bedeutet eben, dass man es trotzdem tut. Es ist nun einmal manchmal eine bittere Wahrheit, dass man manche Dinge erst hinterher weiß.

Wenn man eine Idee ausprobiert, dann muss man dies mit einem unvollständigen Satz an Informationen tun. Die Fehler und das Hinfallen – wie auch die Erfolge – sind die Einbahnstraße, an deren Ende diese Informationen warten. Um dort anzukommen, ist es wichtig, zuzuhören, Veränderungen und schnelle Anpassungen vorzunehmen, sobald die Informationen vorliegen. Ansonsten findet man sich rasch in einem geschlossenen und ewigen Kreislauf aus Angst wieder. Aus diesem Grund verbleibe ich nie lange in der Planungsphase, sondern bin immer am glücklichsten, sobald ich Hand anlegen kann.

Wenn man sich selbst und seinen Traum offenlegt, braucht man ein schonungslos ehrliches Feedback, um zu erfahren, was funktioniert und was eben nicht – so wie ich es mit Chefkoch Josef und den anderen Köchen bei Bäco hatte. Man muss dabei unbedingt das Persönliche und Emotionale vom Beruflichen trennen und absolut jede Möglichkeit ergreifen, um das Ganze zu verbessern. Warum sonst sollte man es überhaupt wagen, wenn es nicht um Verbesserungen geht?

Wie sich herausstellen sollte, musste ich diese erste Lieferung nicht perfekt hinbekommen, damit H&B überleben kann. Ich musste nur loslegen. Klar, jeglicher Profit hatte sich in Luft aufgelöst, aber das war mir egal. Wie Onkel Ted, ein erfolgreicher Geschäftsmann und einer meiner ersten Mentoren, es immer zu sagen pflegte: »Dein Wort ist so viel wert wie Gold.« Als es also darauf ankam, lautete mein Mantra: *Cheffe Josef ist mein einziger Kunde. Wir werden das hier nicht versauen. Wir müssen das hinkriegen.* Und das taten wir.

Diamanten brauchen schließlich viel Druck, oder?

Wie man Tester für die eigenen Ideen findet

➡️ **Ich habe es so gemacht, das heißt allerdings nicht, dass es nur so geht. Aber ich kann dir verraten, dass diese Herangehensweise Wunder bewirkt hat, und zwar nicht nur für die Perfektionierung meiner Schürzen, sondern auch für den Aufbau der Beziehungen, die zu der eisernen Truppe geführt haben, mit der ich heute arbeite.**

🟥 **Erscheine persönlich.** Wenn das nicht geht, ruf an. Oder schicke eine E-Mail. Oder eine SMS. Oder eine Nachricht über Instagram. Etabliere einen Kontakt – möglichst viel mit persönlichen Gesprächen.

🟥 **Habe keine Angst, überhaupt zu fragen.**

🟦 **Sei neugierig, nicht defensiv.**

🟩 **Zeige Wertschätzung für jeglichen Input, selbst den negativen oder weniger relevanten.**

⬜ **Wenn Menschen unsicher wirken, hilf ihnen dabei, zu eruieren, was sie tatsächlich denken.**

🟥 **Zeig nicht nur das »Vorher«, sondern auch das »Nachher« – wie also das Feedback umgesetzt wurde.**

2

DER ERSTE GRUSELIGE MOMENT

➡ Vielleicht sollten wir kurz zurückspulen.

Wie aber findet man das Vertrauen, etwas auszuprobieren, um deine Misserfolge ehrlich zu betrachten und es noch einmal zu versuchen – vor allem wenn man wie so viele Menschen da draußen nicht von Natur aus mutig ist? Wie in drei Teufels Namen kneift man die Augen zusammen und springt hinein in das Unbekannte? Es heißt nur immer wieder »Sei selbstbewusst«, aber gänzlich ohne Anleitung, wie man das dann auch WIRD.

Ich habe herausgefunden, dass Selbstbewusstsein wie ein Sparbuch ist, in das man jahre- und jahrzehntelang einbezahlt. Immer wenn ich etwas Furchteinflößendes mache und das dann auch relativ unbeschadet trotz der Shitstorms überstehe, zahle ich in dieses Sparbuch ein, und der Betrag darauf wächst.

Ich nenne das meinen Selbstbewusstseinsgürtel. Denn bevor ich auch nur das langfristige Ziel kannte, hatte ich schon meine ersten Markierungen auf diesem Gürtel hinterlassen – weil ich gleich von Anfang an merkte, wie unfassbar gut es sich anfühlte, dieses »Mutigsein« zu üben. Zudem fand ich heraus, dass es nicht allzu viel Einsatz meinerseits kostete, meine Eigenverantwortung zu verbessern. Damit möchte ich nicht behaupten, dass man mit den Stieren kämpfen oder mit einem Fallschirm springen gehen muss. Es reicht schon, wenn man etwas angeht, was man noch nie zuvor getan hat – etwas leicht Gruseliges – und es erfolgreich erledigt (wenn auch vielleicht nicht ganz perfekt), um eine wohlverdiente Markierung einritzen zu können. Und ab da wird es immer einfacher, auch die großen Punkte zu erledigen, die einen zum eigenen Traumziel bringen werden.

Als ich in Glendale in der Highschool war, also gleich nördlich von Los Angeles, umgaben mich viele Kinder aus reichem Hause, die letztlich Superstars im Werden waren. Ich wusste, sie würden später Models oder Schauspieler sein – und sie wussten es auch. Und dann war da ich: dieses komische Kind mit kraus-lockigem Haar, das eine dreieckige Form hatte und mir den Spitznamen »Höhlenfrau« einbrachte. Meine Eltern waren geschieden, und wir hatten fast gar kein Geld. Mein Vater lebte Tausende Kilometer von uns entfernt. Meine Mutter, die süßeste, anderthalb Meter große mexikanische Mama aller Zeiten, arbeitete viele Überstunden als Krankenschwester, sodass ich meistens mit meiner kleinen Schwester Melany allein zu Hause war. Am Anfang hatte ich versucht, meinen Platz in diesem mit bunten Stiften gefüllten Federmäppchen namens Schule zu finden. Ich versuchte, der gelbe Buntstift zu sein, neben den anderen Kindern, die Rot und Blau darstellten. Wirklich. Aber es gab keine Realität, in der ich verheimlichen konnte, dass ich zu laut und zu schnell redete und mich für Sachen interessierte, die sonst keine Kinder spannend fanden, wie das Streichen unserer gesamten Wohnung, die bilanzierte Buchhaltung meiner Familie oder neue Rezepte. Und wie alle wissen, die sich jemals in der jugendlichen Kampfarena durchbeißen mussten, ist es furchtbar schmerzhaft, nicht hineinzupassen.

Da das Außenseiterdasein aber bedeutete, dass ich nichts zu verlieren hatte, löste es eine Energie in mir aus, die mich einen anderen Weg entlangtrieb als meine Mitschüler. Nachdem ich irgendwann festgestellt hatte, dass ich nie in das Mäppchen passen würde, in das ich so gern hineingekommen wäre, gab ich diese Versuche gänzlich auf. Stattdessen spurtete ich durch mein alternatives Highschool-Programm, hüpfte ein wenig durch LA, babysittete dort, jonglierte ein paar wahllose Gelegenheitsjobs und ging mit einem Typen aus, den meine Mutter für zu alt für mich hielt. (Was er wahrscheinlich auch war.) Ich konnte mir das College, auf das ich gern gegangen wäre, nicht leisten, aber wusste auch nicht, was ich studieren würde.

Manchmal hatte ich das Gefühl, dass alle außer mir einen Plan hatten. Aber selbst da hatte ich tief in mir drin das Gefühl und das Wissen, dass es etwas Größeres gab für mich da draußen, das ich tun sollte – oder wenigstens etwas anderes. Aber was?

Allein meine Liebe für Essen gab mir so etwas wie eine Richtung vor. Wenn ich andere Menschen mit Essen versorgte, leuchteten ihre Augen und ihr ganzer Körper schien zu strahlen. Während meiner Kindheit hatte ich die Sommer immer bei meiner Abuelita, meiner Großmutter, in Mexiko verbracht. Dort habe ich stundenlang in ihrer Küche mit ihr zusammen gestanden und sie mit Fragen bombardiert: »Was ist im Tamal drin? Was hast du in den Eintopf getan? Zeigst du's mir?« Zu Hause in Glendale hatte meine Mutter aufgrund der vielen Arbeit keine Zeit, uns mehr als aufgewärmte Enchiladas oder Burritos von Trader Joe's vorzusetzen. Unterdessen aß meine kleine Schwester Melany ewig lange nur gegrillten Käse und Brot mit Mohnsamen, das sie in Milch tunkte – was für eine Kombi!

Meine erste wirklich erfolgreiche kulinarische Errungenschaft machte ich mit zwölf Jahren, als ich das würzige Picadillo mit Fleisch nachmachte, das ich eines Nachmittags auf dem Herd der Mutter meiner Freundin hatte köcheln sehen. Der Geruch transportierte mich im Kopf sofort wieder in das Haus meiner Abuelita, die dasselbe Gericht kochte. Ich hob den Deckel an, roch am Topfinhalt, setzte den Deckel wieder drauf und piesackte die Mutter meiner Freundin mit Fragen. Sie listete mir die wichtigsten Zutaten voller Freude auf: Hackfleisch, Tomaten, Zwiebeln, Kartoffeln, Karotten, wenn einem der Sinn danach stand: Mais – und so weiter und so fort. Am nächsten Morgen sprang ich aus dem Bett und machte mich energiegeladen ans

Werk. Ich fragte meine Mutter nicht um Erlaubnis, weil sie eh arbeiten musste und davon ausging, dass ich die richtigen Entscheidungen für Melany und mich fällen würde. Sie vertraute mir, und das bedeutete mir viel. Ich bestach meine Schwester mit dem Versprechen auf einen Snack und schleppte sie mit in den sechs Straßen entfernten Supermarkt, wo ich mithilfe meiner Bankkarte, die mein 15-jähriges Ich irgendwie der Bank of America aus den Rippen geleiert hatte, die nötigen Zutaten kaufte. Ich schob den Einkaufswagen, mit Melany drin sitzend, den gesamten Weg bis nach Hause.

Während ich so dies und das in den Topf gab, versuchte ich, die Tatsache zu verdrängen, dass ich unser monatliches Essensbudget eventuell gerade in die Miesen trieb, wenn ich hier teure Zutaten verschwendete. Ich wartete sehnsüchtig auf den Moment, der zeigen würde, ob sich aus dieser Pampe das Gleiche entwickeln würde, was ich am Vortag gerochen hatte. Bald stellte ich fest, während das Fett in der Pfanne brutzelte und die Chilis mir das Wasser in die Augen trieben, dass ich auf dem richtigen Weg war. Meine Hände brachten die Zutaten emsig zu einem Ergebnis zusammen, das weitaus besser war als die Zutaten allein. Ich hatte meine erste Euphorie auslösende Geschmacksexplosion kreiert.

Aber das eigentliche Siegesgefühl stellte sich erst abends ein, als meine Mutter nach Hause kam. Sie trug wie immer ihren Kasack, als sie die Wohnung betrat, und dachte dabei schon an die Aufgaben, die vor ihr lagen. Aber als sie in die Küche kam und sah und roch, was ich vorbereitet hatte, hielt sie für einen dieser seltenen kurzen Momente inne. »Danke, Mami«, sagte sie zu mir, mit einem freudestrahlenden Gesichtsausdruck. (Wie in vielen anderen Latino-Familien nannten auch bei uns die Frauen ihre Kinder »Mami«. Ich war also Mami, meine Mutter war Mami und so weiter.)

Sie musste zwar vorher noch ein paar berufliche Anrufe erledigen, bevor sie Zeit zum Essen hatte, aber dann machte sie eine Tortilla heiß – der Geruch von geröstetem Mais waberte nun durch die Küche – und setzte sich tatsächlich zum Essen in Ruhe hin. Das war eine der ersten Markierungen in meinem Selbstbewusstseinsgürtel. *Ha! Ich hab's geschafft!* Mit hocherhobenem Kopf, in unserer Küche in Glendale, verstand ich es das erste Mal: SEI DEINE EIGENE CHEERLEADERIN! Wenn man an sich selbst glaubt, kann man alles schaffen.

Also Kochschule, oder? Ich hatte mir das CIA (Culinary Institute of America) und Le Cordon Bleu angeschaut, aber dort hinzugehen kostete 30 000 bis 70 000 Dollar. Das konnten wir uns auf keinen Fall leisten. Und auch wenn ich ein »Nein« anderer Leute gut verkraftete, war ein »Nein« meiner Eltern wie ein Schlag ins Gesicht. Aber ich würde auch nicht auf ein reguläres College gehen, würde nicht auf alle Zeit eine Nanny bleiben. Ich befand mich also an einem Scheideweg, allerdings ohne Richtungsangaben. Daher kam ich auf die Idee, dass ein Ortswechsel vielleicht helfen würde. *Entdecke die Welt, Ellen. Das hilft. Das muss es.*

Also zog ich mit 19 Jahren nach Mexiko-Stadt – allein. Obwohl ich eine Familie in Mexiko und viel Zeit meiner Kindheit dort verbracht hatte, hatten wir keine Verwandten in Mexiko-Stadt. Eher kannten wir jemanden, der jemanden kennt. Ich spreche hier außerdem vom Jahr 2006, lange bevor Mexiko-Stadt ein beliebter Ort für Touristen wie in den letzten Jahren werden sollte. Mexiko war noch NICHT angesagt, noch nicht sicher und es war definitiv keine gute Idee, als Teenager ALLEIN dorthin zu ziehen, sagten zumindest Freunde und deren Eltern.

Ich kaufte mir ein Flugticket. Ohne Rückflug.

● ● ●

NOCH BEIM LANDEANFLUG rechnete ich nicht damit, länger als ein, zwei Monate zu bleiben, also hatte ich nur einen großen Koffer, meinen Rucksack und eine Handtasche dabei. Ich ging mit meinem Gepäck schnurstracks zu meinem gemieteten Zimmer im Viertel Roma Norte. Und stolperte direkt in meine neue Lebensrealität: ein kleines Zimmer mit rostigen und knarzenden Stockbetten, eine komische winzige Kommode und ein Fenster, mit dem man über das lauteste und vollste Meer an Gebäuden blicken konnte, die ich je in meinem Leben gesehen hatte. Der Boden war ganz offensichtlich schon mehrmals erneuert worden, aber sah dennoch abgenutzt aus. Die Küche und das Bad waren winzig und wahnsinnig einfach gehalten – die Küche befand sich letztlich in einem Schrank. Zum Duschen gab es nur manchmal genügend heißes Wasser. Ich hatte eine Ecke der Wohnung angemietet, mit vier anderen jungen Frauen, die aus der ganzen Welt hier zusammenfanden, um in Mexiko-Stadt zu studieren und zu arbeiten. Sie waren alle nett, aber meine Ankunft war alles andere als großartig. Während meiner ersten Woche gab es viele Nächte in der neuen Stadt, in denen ich mich im Bett schlaflos herumwälzte und mich fragte: *Was verdammt noch mal mache ich hier eigentlich?*

Zum Glück hatte ich mein komplettes bisheriges Leben Spanisch gesprochen und tat es dementsprechend fließend. Das Erste, was mir auffiel, war, dass die Menschen hier viel eher kurz innehielten und Witze machten, wenn sie mir das Rückgeld reichten oder die Tür aufhielten. Krass. Das ist so ganz anders hier. Diese leistungsorientierte, energiegeladene Herangehensweise an das Leben, die ich von meiner Abuelita geerbt hatte, die so ganz anders war als die entspannte Art meiner Mitschülerinnen, war hier die Norm. Ich schaute mich in Mexiko-Stadt um, und alle waren hier irgendwie würziger. Sie waren freundlich. Sie waren laut. Sie umarmten und küssten sich gegenseitig. Und das war völlig in Ordnung!! Und dann hatte ich diese Erleuchtung:

Der Geschmack des Zweifels

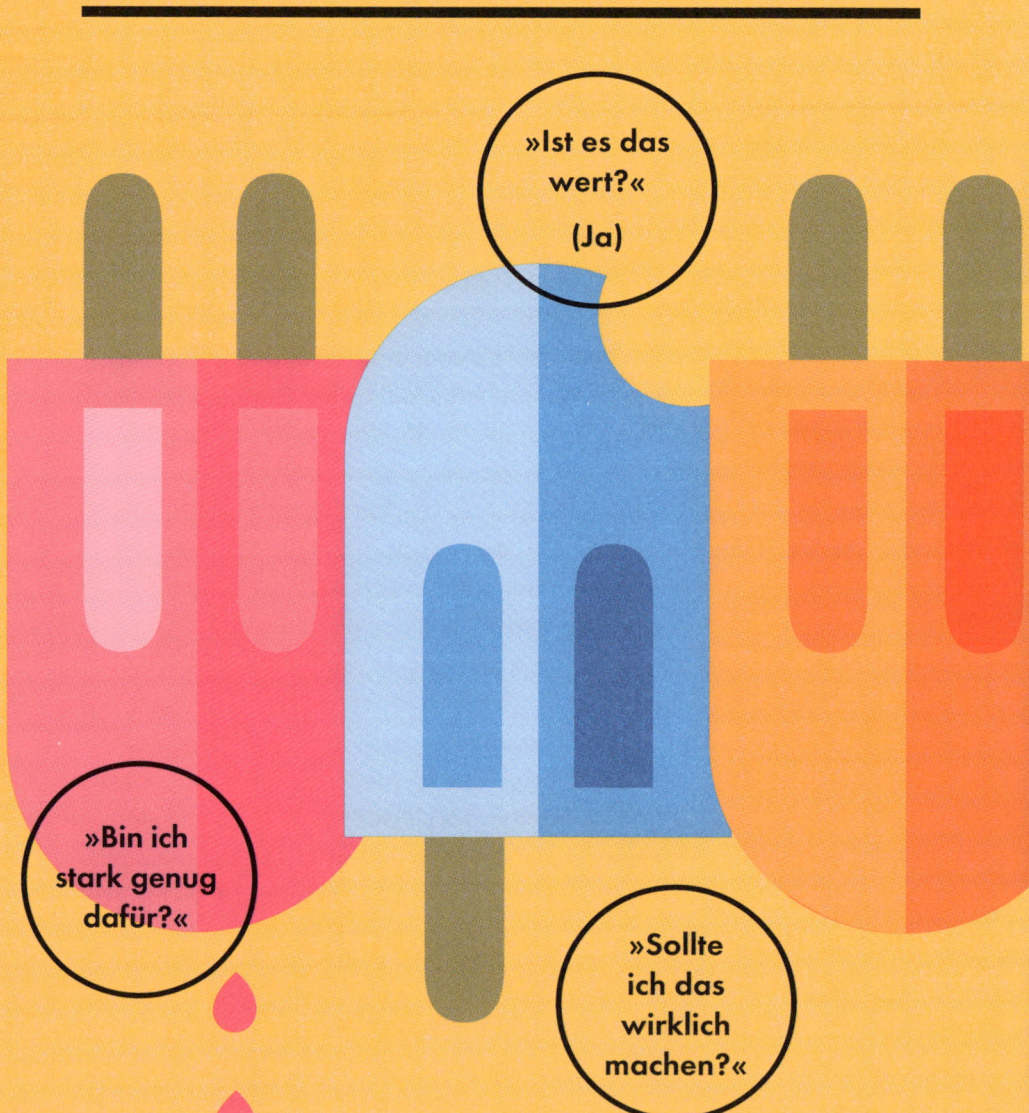

→ Wie bei einer Schachtel voller Lutscher gibt es eine regenbogenfarbene Auswahl an Ängsten und Unsicherheiten, die dir begegnen könnten, wenn du etwas Neues angehst:

»Wahnsinn. Ich gehöre hierher. Ich bin Mexikanerin!« Nach all den Jahren als Außenseiterin in der Schule fühlte ich mich endlich nicht mehr anders. *Das ist so viel BESSER.* Das Tempo, der Rhythmus der Stadt ergaben Sinn. Es dauerte nicht lange, bis ich das Gefühl hatte, dass ich mein Volk gefunden hatte. Endlich begriff ich, wie viel der mexikanischen Kultur durch mein Blut floss.

Endlich hatte ich eine Heimat gefunden.

Und dann traf es mich: *Ich sollte echt hierbleiben. So ganz offiziell.* Mit den Gedanken an meine neuesten Erfolge in Dauerschleife im Kopf – das verdammte Flugticket kaufen, in Mexiko landen, ein Zimmer mieten, Essen kaufen und Freunde finden – dachte ich, es wäre Zeit, mir einen Job zu suchen.

Ich bin froh, dass ich zu dem Zeitpunkt nicht wusste, wie schwierig DAS werden würde. Ich musste mich kulturellen Hindernissen stellen, mit einem spärlichen Lebenslauf, den unfassbar schwierigen Prozess der mexikanischen Staatsbürgerschaft durchlaufen (was ich wollte, statt mir einfach eine Arbeitserlaubnis als Ausländerin zu holen) und abseits dessen auch noch den qualvollen Prozess des Aufwachsens vollenden – um nur ein paar der Hindernisse zu nennen.

• • •

IM LAUFE DER MONATE, mit meinem Selbstbewusstseinsgürtel, der einige mühsam erarbeitete Markierungen erhalten hatte, stellte ich fest, dass ich nun Sachen machte, die ich für jenseits meiner Fähigkeiten gehalten hatte. Eine meiner neuen Freundinnen, die als Model arbeitete, schlug ein Treffen mit ihrem Agenten vor, nachdem ich ihr erzählt hatte, dass ich einen Job suchte. Also machte ich eins aus. Und heiliger Bimbam! Dann noch eins und noch eins, und zwei Monate nach meiner Ankunft hatte ich plötzlich DREI Agenten in Mexiko-Stadt, wo es kein Problem war, von

Vier Schwierigkeiten, die ich in den nächsten Monaten bewältigte

■ Es dauerte vier Monate, meine mexikanische Staatsbürgerschaft zu bekommen. Erstens: Ich musste eine Wohnung mieten, meinen Namen auf einer Gas- oder Stromrechnung stehen haben und einen mexikanischen Ausweis ausgestellt bekommen, wofür ich einen mexikanischen Pass brauchte. Das bedeuteten 90 Minuten Flug und über sieben Stunden Autofahrt, um eine Kopie der Geburtsurkunde meiner Mutter zu bekommen. Dann durchlief ich ein bürokratisches Labyrinth, das mehrere persönliche Besuche bei Ämtern und die Beschaffung eines Postamtsausweises beinhaltete, für den ich aus unerfindlichen Gründen ein Schwarz-Weiß-Foto brauchte. Ein Crashkurs in das Leben in Mexiko!

■ Ich mietete die tollste Wohnung aller Zeiten in Roma Norte, mit einer coolen Eingangshalle voller Fliesen im Schachbrettmuster. Und weit vor dem Erfolgszug von Airbnb vermietete ich Zimmer an Studenten und Menschen wie mich, die Mexiko-Stadt besuchten und einen Schlafplatz brauchten. Ich wandelte sogar das Wohnzimmer in ein weiteres Schlafzimmer um, damit ich noch ein wenig mehr Geld verdienen konnte, sodass jetzt nicht nur die Miete abgedeckt war, sondern ich auch etwas zur Seite legen konnte. Klarer Bonus!

■ Ich schrieb mich in einer mexikanischen Kochschule ein. Das war WEITAUS günstiger als die amerikanischen Varianten, aber immer noch genauso gut. Letzteres nutzte ich, um meinen Vater davon zu überzeugen, mir bei den Gebühren zu helfen. Aber ich musste mit dem Bus und der U-Bahn hinfahren (ich hatte kein Auto zur Verfügung), und die Kurse waren auf Spanisch. Ich sag's mal so: Dies beinhaltete einen speziellen Fachjargon und war somit ein Crashkurs in tatsächlichem Spanisch, fernab des spanischen Geplauders, mit dem ich aufgewachsen war.

■ Ich fand einen Job als Werbespot-Darstellerin und als Hostess für Rapsöl, Panzerwagen und die Unternehmen, die die Farbe für die Streifen auf den Autobahnen verkaufen. Ich fand einen zweiten Job bei der mexikanischen NFL-Show (in einem Trikot). Ich fand einen dritten Job, bei dem ich die Lottozahlen im Fernsehen verkündete. Manchmal erfand ich Jobs, wie den Verkauf von Weihnachtsbäumen, um einen Deal auf einem der größten Märkte der Stadt zu bekommen und dann den Baum mit dem Bus nach Hause zu transportieren. Manchmal jobbte ich noch gelegentlich als Dolmetscherin für die Mexican Railroad Union oder als Gastschauspielerin bei einer Seifenoper.

mehreren vertreten zu werden. Sie schickten mich durch die ganze Stadt zu allen möglichen verrückten Sachen, wo es möglicherweise etwas zu verdienen gab – manchmal bis zu vier oder sechs Vorsprechen an einem Tag.

Bald bekam ich Werbeauftritte zugeteilt, aber das waren keine regelmäßigen Gigs, und aus zehn Vorsprechen schaffte ich es vielleicht zu zwei Aufträgen – wenn überhaupt. Ich musste mehr arbeiten. Also versuchte ich mich an einem meiner vielen Tage voller Vorsprechen bei einem Job als Kommentatorin für eine American-Football-Show. Nachdem sie mitbekommen hatten, wie leicht ich vom flüssigen Spanisch in ein amerikanisches Englisch wechseln konnte – »y aquí estamos con Tony ROMO!« –, bekam ich den Job, der jeden Sonntag erledigt werden musste. Bäm! Stetige Arbeit! Außerdem wurde die Show auf einem der landesweit größten Sender, TV Azteca, ausgestrahlt und live aufgenommen! Die zwei Sprecher saßen auf einem Sofa und diskutierten die Highlights des Spiels, während es in voller Länge live in den Staaten gezeigt wurde. Währenddessen stand ich auf der anderen Seite des Sets neben einem vertikalen Bildschirm, der Ausschnitte zeigte, und brachte etwas Farbe ins Spiel. Gekleidet in weißen Go-go-Stiefeln, einem Minirock, einem Football-Trikot mit »Ellen« auf dem Rücken und mit einer Maske aus Make-up im Gesicht, deren Auftragung zwei Stunden dauerte, las ich von einem Teleprompter – auf Spanisch – und versuchte, keine Flüche einzubauen, was mir dennoch ein paarmal passierte und für Stressverstopfung im Team sorgte. Mein Herz schlug so stark, dass ich dachte, es würde aus meinem Brustkorb hüpfen. Aber ich lernte, ins Schwarze zu treffen und die Sätze, live, vor drei bis vier Millionen Menschen zu sagen. Außerdem durchlief ich dabei einen Crashkurs in Football, worüber ich vorher absolut nichts gewusst hatte, während ich also allein in Mexiko-Stadt lebte, Zimmer an Fremde vermietete, um alles zu finanzieren, und gleichzeitig meinen Vater davon überzeugte, die Kochschule in einem fremden Land für mich zu bezahlen. VÖLLIG NORMAL, bitte gehen Sie weiter, es gibt nichts zu sehen, das ist einfach eine 19-Jährige, die versucht, sich durchzuschlagen.

Der nächste Halt auf meiner wilden Jobreise war als Lottofee beim gleichen Sender, was hieß, dass ich jeden Abend unter der Woche die Zahlen verlas. Das war ein fantastisches Kommunikationstraining – nicht nur bezüglich der Informationen, sondern auch der Energie und des Enthusiasmus – vor einer Kamera und somit Millionen von Menschen. (Verrückte Geschichte nebenbei: Meine Nachfolgerin wurde bei dem Manipulationsversuch der Lotterie erwischt, sie hatte dem Sender so Millionen stehlen wollen. Schau nicht mich an – ich hielt mich an meine Karteikarten!)

Außerdem ergatterte ich regelmäßige Jobs als Hostess, bei denen ich Menschen als potenzielle Käufer auf Messen zu den Ständen locken und ihnen dort die Produkte meiner Kunden vorstellen konnte – stell dir einfach einen Klinkenputzer vor, der sich nur an einem Ort aufhält. Hahaha! Das klingt jetzt vielleicht sexy, und ja, sie stellten auch nur hübsche Mädchen ein, aber anstelle eines Bikinis trug ich ein Kostüm und redete über jede Art Business, die man sich nur vorstellen kann: von Rapsöl über Handys und gepanzerte Wagen bis zu Ärztetagungen und Bankenevents. Es war alles andere als glamourös. Ich nahm den Bus, dann die U-Bahn und einen »Pesero« (einen Minibus, der typisch für Mexiko-Stadt ist, Anm. d. Übers.), um dann noch einmal 20 Minuten zum Messegelände zu laufen. Ich hätte auch ein Taxi nehmen können, wollte aber jeden Peso sparen.

Ich arbeitete mich in Grund und Boden, stand für acht bis zehn Stunden am Stück auf hohen Hacken und wurde dabei von Tausenden Menschen ignoriert, fand Freunde unter Fremden, lief bei den Messen ein und aus, während man mir auf den Hintern starrte.

Halligalli in Mexiko-Stadt

Einfacher Flug
nach Mexiko

Eine Köchin in einer
fonda (einem kleinen
Essensstand)

Messehostess

Anfeuernde Spre-
cherin einer Ameri-
can-Football-Show

Dolmetscherin für die
Mexican Railroad
Union

Nachhilfelehrerin für
Englisch (für den Sohn
eines Chefs)

→ Ein paar meiner vielen Jobs in Mexiko-Stadt

Vermieterin im Stile Airbnbs (noch vor Airbnb)

Landesweite Lottofee bei TV Azteca

Weihnachts-baumverkäuferin

Studentin der Kochschule

Azubine bei einer Tele-novela von TV Azteca (schauspielern, tanzen, fechten und so weiter)

Um alles wieder hinter mir zu lassen, in die USA zu fliegen und dort meinem Traum einer Kochkarriere zu folgen

Aber ich lernte so viel mehr von dieser Welt und davon, diese Messemenschen in Aktion zu sehen – sie waren Macher mit einem großen M. Sie hatten alle ein Walkie-Talkie-Telefon von Nextel, ein Blackberry UND ein Handy, als wären sie Drogendealer und würden sich selbst verkaufen. Sie nahmen Anrufe auf einem Gerät entgegen, während sie auf einem anderen einen Job für sich klarmachten und bereits den nächsten Auftrag verhandelten. Und dann zogen sie einen frischen Anzug aus ihrem Gepäck, wie von Zauberhand, waren in kürzester Zeit umgezogen und wieder auf dem Weg woandershin. Sie waren immer pünktlich, immer herausgeputzt und gaben ihren Kunden das Gefühl, wichtig und besonders zu sein, ohne sie merken zu lassen, dass sie nur einer von vielen Kunden waren. Und sie ließen all dies leicht aussehen, aber je mehr ich sie kennenlernte, desto mehr verstand ich, dass diese Menschen ein inneres Feuer hatten, aber auch Babys, Kinder, Familien, die völlig von ihnen und ihrem Erfolg abhängig waren. Sie machten den Job nicht nur aus Spaß an der Freude, sondern weil sie als (oftmals) alleinerziehende Mütter es mussten. Es gab niemanden, der sie auffangen würde, wenn sie es nicht schafften. Das war ein Anblick für die Götter und eine Inspiration, die ich nie vergessen werde – für das Gute kämpfen.

An diesem Punkt, mit so vielen Jobs parallel, rollte langsam der Rubel bei mir, oder der mexikanische Peso, aber ich lebte weiterhin leicht abgefuckt und ernährte mich – ein- oder zweimal am Tag – von den besten Tacos meines Lebens. Am wichtigsten jedoch war, dass ich die schwierige Basis gelegt und dem ängstlichen Teil meines Gehirns – vielleicht mein inneres kleines, komisches, kindliches Ich – beigebracht hatte, dass ich mir die großen Sprünge von den schartigen Klippen des Lebens zutrauen konnte.

Wenn es um unsere Träume geht, prokrastinieren die meisten jahre-, wenn nicht sogar lebenslang, weil es schlicht furchtbar beängstigend ist, wenn man etwas will und es dann ausprobiert. Klar, ich könnte dir jetzt empfehlen, deine Angst einfach zur Seite zu boxen und das Ganze durchzuziehen, aber das ist nun einmal einfacher gesagt als getan. Man kann nun einmal nur gegen eine bestimmten Menge an Angst im Armdrücken gewinnen. Stattdessen musst du dir selbst beweisen, dass du das Unangenehme, das Angsteinflößende überleben kannst. Und beim nächsten Mal kannst du dich sogar an etwas noch Angsteinflößenderes trauen.

● ● ●

DU MUSST NICHT in ein fremdes Land reisen. Dieses Abenteuer hab ich mir ausgesucht, weil es sich richtig anfühlte; ich hatte schon immer eine enge Verbindung zu meinen mexikanischen Wurzeln und dem Essen verspürt, also folgte ich diesem einzigartigen Weg. Was zieht dich nach vorn? Was macht dir Angst, reizt dich? Gib an dieser Stelle nicht die einfache Antwort, sondern suche tief in dir. Grabe bis zu diesem einen Traum, den du nicht einmal in deinem Kopf zu sagen wagtest. Und geh dann den nächsten Schritt in die richtige Richtung, auch wenn es erst einmal nur heimlich ist.

Wovor hast du so viel Angst? Dass du jemanden um Hilfe bitten wirst und diese Person ablehnt? Oder dich auslachen wird, weil du etwas versuchst? Machst du dir Sorgen, dass deine Würde und dein Stolz auf dem Spiel stehen?

Ja, wahrscheinlich. Und dem ist auch wahrscheinlich so. Aber all das Gute geht aus dieser Art Risiko hervor.

Ich hatte all diese Ängste. Wir alle tun es. Trau dich dennoch. Diese Ängste sind nur wie kleine nervige Zweifelmücken, die dich auf dem Weg zu deinem Ziel umschwirren. Alle treffen auf sie. Aber marschiere trotzdem weiter.

Finde den Mut, die erste angsteinflößende Sache anzugehen: Zeig dich an dem Ort, an dem dein Traum beginnt. Und wenn das zu krass ist, dann ruf dort an. Immer noch zu schwierig? Dann schick eine E-Mail. Oder eine Nachricht.

»DER ZWEIFEL TÖTET MEHR TRÄUME, ALS ES DAS VER-SAGEN JE-MALS WIRD.«

—Suzy Kassem

Du musst diesen ersten Schritt tun. Die Welt wird dir deinen Traum wohl eher nicht mit einer netten Schleife drum herum wie bei einem fabelhaften Obstkorb zu Füßen legen – aber falls doch: herzlichen Glückwunsch! Dann solltest du dich von diesem Geschenk aber nicht auserwählt fühlen oder dich darauf ausruhen – verdiene dir diese Gelegenheiten JEDEN TAG AUFS NEUE. Du hast ein tolles College besucht, den perfekten Job gefunden, dank der Empfehlung eines Freundes der Familie. Wunderbar. Aber was machst du nun aus dieser Machtposition heraus? Was wirst du für die Menschen um dich herum bewirken? Geh deinen Traum nicht nur halbherzig an, weil du es gerade bequem hast. Fühle dich eher in dem Unbequemen wohl und verwirkliche dir deine Träume.

> **Wenn du an einem Ort ankommst, mache dich auf den Weg zum nächsten, und höre niemals damit auf. Es ist das eine, Erfolg zu haben, aber es ist das andere, diesen auch zu behalten, aufrechtzuerhalten und ihn weiterzuentwickeln.**

Genau das war der Schlüssel zu meinem Weg.

Die gute Nachricht: Das muss alles nicht an einem Tag passieren. Unabhängig also von deinen Umständen solltest du die richtige Menge der Teile deiner Träume herausfinden, die du vom großen Ganzen abbeißen kannst, sodass du an jedem einzelnen arbeiten kannst, bis es vollständig verdaut ist, um dann zum nächsten überzugehen. Es wird gelingen. Wirklich.

Und noch besser: Mit jedem getanen Schritt wirst du stärker und selbstsicherer. Selbstbewusstsein ist wie ein Muskel, es wird immer stärker, je mehr du damit trainierst, vor allem während der ersten paar Feuerstürme. Alles, was ich in meinem Familienleben auf mich genommen hatte, mein wildes Abenteuer in Mexiko-Stadt, die drei Jobs, die ich parallel arbeitete, nachdem ich nach LA zurückgekehrt war, bewies mir, dass ich tatsächliche Aufgaben erledigen konnte, auch wenn ich nicht gleich zu Anfang wusste, wie. Auch du kannst dir das Selbstbewusstsein selbst beibringen. Es ist so einfach, wie dich selbst damit herauszufordern, etwas zu tun – und es dann auch tatsächlich zu tun. Dabei ist es einerlei, ob es hinterher gut oder schlecht aussieht – man muss auch lernen, mit dem eigenen Versagen klarzukommen. Wie Winston Churchill einst sagte: »Man sollte niemals eine gute Krise ungenutzt verstreichen lassen.«

• • •

Welchen Weg auch immer du dir aussuchen wirst, um deinen Selbstbewusstseinsgürtel zusammenzustellen, es ist immer wichtig, die eigenen Errungenschaften zu sehen und zu feiern, wenn man sie geschafft hat, wie klein sie auch sein mögen. Dabei rede ich nicht von deinem Lebenslauf, sondern davon, Sachen zu machen, die sich gut anfühlen, die dein Selbstbewusstsein stärken. Das sind die kleinen und großen Momente, in denen du merkst: »Wow, ich habe etwas gemacht, von dem ich nicht wusste, dass ich es konnte.« Markiere sie dir also auf deinem Gürtel und mach weiter.

Und bevor du es auch nur erahnen kannst, schlüpfst du in weiße Gogo-Stiefel, einen Minirock, ein Football-Trikot mit deinem Namen auf dem Rücken und sprichst vor Millionen von Menschen über einen Sport, von dem du keine Ahnung hast.

Sechs Anfangsideen für deinen Selbstbewusstseinsgürtel

Basierend auf einigen irrsinnigen Sachen, die ich ausprobiert habe, und einigen weniger dramatischen, die dennoch hilfreich für deinen Start sind

🟥 Entscheide dich, die Sicherheit deines bequemen Nests/ Jobs/Lebens zu verlassen, um alles da draußen zu entdecken.

🟦 Rufe jemanden an, den du bewunderst, und frage (respektvoll) um einen Rat oder Hilfe in seinem/ihrem Fachgebiet.

■ **Such dir einen Berg aus und besteig ihn** (dies ist keine Metapher – bei mir war es der Fuji). Ich habe außerdem für einen Marathon trainiert und bin ihn auch gelaufen. Mach dies vielleicht zu deiner persönlichen Herausforderung, oder laufe drei Kilometer oder mache einen Sport, der dich fordert. Du machst das nicht für die Aktivität selbst, sondern für deine Belastbarkeit und dein Durchhaltevermögen, die du daraus lernst, und um dir selbst zu beweisen, dass du etwas Großes, Anstrengendes schaffen kannst.

■ **Verlass deine Komfortzone und tausche deine Fähigkeiten** oder Dienstleistungen ein gegen etwas Neues, das du lernen kannst.

■ **Besuch einen Kurs** oder hör dir einen Podcast über eine Fähigkeit an, die du schon immer lernen wolltest. Mach, was auch immer du musst, um aus deinen jetzigen Verhältnisse herauszuwachsen, und bereite dich mit Wissen darauf vor, wie du mit Menschen, Finanzen, Kommunikation, Steuern oder was auch immer umzugehen hast. Nutze also die Stunden, die du momentan auf dem Handy verdaddelst, eher, um etwas zu lesen – ich verspreche dir: Du wirst so herausfinden, dass du mehr Zeit hast, als du dachtest.

■ **Bitte in einem herausfordernden Bereich, in dem du keinerlei Erfahrungen** vorweisen kannst, um ein Praktikum. (Während meiner Zeit in der Kochschule nutzte ich die Gelegenheit einer Stage – eine Art Praktikum in der Kochszene (vom französischen Wort *stagiaire*, Anm. d. Übers.) – in einer Restaurantküche in Mexiko-Stadt und lernte dort allerhand Praktisches und Wertvolles.)

3

ENTSCHEIDEN

&

DANN
DURCHZIEHEN

➡ Frage: Was würde passieren, wenn du keine Angst mehr vor dem Wort »Nein« hättest?

Ich rannte an dem Eingang zu LAs Toprestaurant Providence vorbei und versuchte, mich nicht allzu sehr vom schicken Design nervös machen zu lassen. Ich umrundete den Block und steuerte auf den Seiteneingang zu, den für die Angestellten und Lieferungen. Einige Aushilfskellner sprachen in schnellem Spanisch miteinander, während sie in den Feierabend gingen. Ich hielt sie an, dabei meinen Lebenslauf umklammernd, als wäre er eine lebensrettende Schwimmweste.

»*Hola! Está aquí el chef?*«, fragte ich sie nach dem Chefkoch auf Spanisch, mit einem breiten Lächeln im Gesicht, um so zu verbergen, dass ich keine Ahnung hatte, was ich hier tat. »Ich würde ihm wahnsinnig gern meinen Lebenslauf geben.«

»Sí claro!«, antwortete einer der Typen mit einem fröhlichen Lächeln und führte mich in diese großartige Küche.

Ich inhalierte den himmlischen Geruch von was auch immer gerade zubereitet wurde. Versuchte, die verschiedenen Töne der Symphonie an leisen, aber beständigen Geräuschen um mich herum zu identifizieren – laute, barsche Stimmen, zischende Gasherde, brutzelndes Öl, hackende Messer. Ich hatte auf einen Schlag eine bierernste, sehr professionelle, nüchterne Küche betreten, in der sich Dutzende Köche mit so einer Dringlichkeit und so einem Tempo bewegten, als würden sie gleich den Präsidenten treffen.

Als ich an diesem Morgen das Haus verlassen hatte, hatte ich mich verdammt gut gefühlt. All das war Teil meines Plans, die Taco-Welt im Sturm zu erobern – mein neuer Traum, seit ich Mexiko-Stadt wieder verlassen hatte. Aber um mein eigenes Restaurant führen zu können, musste ich tatsächlich vorher von einem angestellt werden. Das führte dazu, dass mir eine befreundete, kulinarisch versierte Tierärztin das Wesentlichste erklärt hatte. Ich müsse zwischen 14 und 16 Uhr bei Restaurants aufschlagen, dort nach dem Küchenchef fragen, ihm meinen Lebenslauf in die Hand drücken und ihm sagen, dass ich in seiner Küche arbeiten wollte. Das klang sinnvoll. Also hatte ich mir eine Liste der zehn besten Restaurants LAs erstellt.

Und war so hier gelandet.

Aber ich war keine Küchenchefin. Ich war eine einfache Köchin. Ich hatte eine Restaurant-Management-Hochschule besucht, in Mexiko, und die Wörter, die ich zum Thema Essen kannte, waren auf Spanisch. Ich hatte absolut keine Ahnung, wie Restaurants in den Staaten arbeiteten. Ich wusste nicht einmal, wann sie öffneten oder schlossen. Oder wie auch nur die Hälfte der Zutaten hieß. Ich war also letztlich fast ungebildet in Bezug auf die örtliche Kochszene – ich wusste nur, wie sehr ich das Kochen, das Würzen und das Essen an sich liebte. *Wie konnte ich mich nur hierzu überreden lassen?*

Na ja, ich wollte unbedingt meiner Taco-Idee nachgehen. Seit gut sechs Monaten war ich wieder in LA und weinte sozusagen jeden Morgen in mein Müsli. Ich war wieder bei meiner Mutter eingezogen – im Alter von immerhin 24 Jahren – und war also wieder dort gelandet, wo ich gestartet war. Dennoch hatte ich in der Zwischenzeit ein anderes Land erzwungen, allein gewohnt, Geld verdient, alles verkauft und die Welt bereist. Ich war als eine völlig andere, reifere Person wiedergekommen: Ellen 2.0. Aber ich stand kurz davor, wieder in mein altes Leben zurückzufallen. Ich musste also eins dieser Restaurants davon überzeugen, mir eine Chance zu geben, damit ich mein Taco-Imperium starten konnte. Der Aushilfskellner des Providence war mit mir zurückgelaufen. Jetzt blieb er stehen und zeigte mit seinem Finger auf den Küchenchef: »El chef está ahí.«

Mit diesen Worten drehte er sich um und verschwand wieder in dem dunklen Flur hinter uns. *Ojemine.* Der Küchenchef des Providence, Michael Cimarusti, ist ein großer Mann mit einem GROSSEN Bart. Er hat die Ausstrahlung von anderthalb Menschen. So stand er da also, inmitten seines Zwei-Michelin-Sterne-Restaurants. (Zum Glück wusste ich damals noch nicht viel über diese Sterne oder ich hätte nur so gezittert vor Ehrfurcht in meinen Clogs.) Mir war sofort klar, dass dies hier ein richtiges Restaurant war. Es war, als würde ich in eine Umkleide eines professionellen Sportteams laufen, direkt vor einem wichtigen Spiel. Zwischen den makellosen Stahlflächen, die sich von Wand zu Wand zogen, trug das gesamte Küchenpersonal passende Arbeitskleidung, wie eine Armee, und bewegte sich mit koordinierter Präzision. Alle Anwesenden folgten eindeutig einer Mission. Sobald also jemand ohne eine Mission (also ich) den Raum betrat, fiel das sofort auf. Niemand hörte mit der Arbeit auf, nicht mal für eine Sekunde, aber sie beobachteten definitiv das Geschehen aus den Augenwinkeln. Und was hier passierte, war ich, die reinplatzte, mit einem strahlend blauen Kleid, riesigen Locken und einem ausrasierten ♥ an der einen Seite des Kopfes. Ohne auch nur einen Moment innezuhalten, fragten sich alle eindeutig: *Wer IST dieses Mädchen?*

Während ich also diesen sehr ernsten, professionellen Köchen in dieser Küche, in der alles seinen Platz zu haben schien, entgegentrat, wusste ich bereits, dass es hier keinen Raum für etwas gab, was nicht perfekt war. Um also bleiben zu können, musste ich beweisen, dass es einen guten Grund gab, mir einen Teil des Raums in dieser Küche zur Verfügung zu stellen. Und das schnell – alles um mich herum passierte in doppelter Geschwindigkeit. Mein Hostessenmuskel aus Mexiko-Stadt kam in Fahrt, nur dass ich dieses Mal kein Rapsöl oder gepanzerte Autos verkaufen musste, sondern Ellen Bennett.

Ich lief schnurstracks und in Schallgeschwindigkeit auf den Küchenchef zu, die Dringlichkeit des Raumes widerspiegelnd (keine Übertreibung – alle, die mich kennen, werden bestätigen, dass meine Ruhegeschwindigkeit 130 Stundenkilometer beträgt).

»Hallo, ich heiße Ellen Bennett«, startete ich sofort in meinen Elevator Pitch, der ihm beweisen sollte, dass er mich nicht sofort aus seiner Küche schmeißen sollte. »Ich liebe Ihr Restaurant und das, was Sie damit machen. Ich würde wahnsinnig gern hier arbeiten. Ich bin gerade aus Mexiko zurückgekommen, wo ich einige Zeit gelebt habe, bin Mexikanerin und habe das passende Arbeitsethos. Darf ich wiederkommen und es beweisen?« Ich endete mit einer recht hohen Stimme und einem gigantisch breiten Lächeln. Eventuell stand ich sogar auf meinen Zehenspitzen zum Schluss.

An diesem Punkt beobachtete sogar das Gemüse die Begegnung, mit einem Ausdruck, der fragte: *Was zur Hölle passiert hier gerade?*

»Okay, na gut«, antwortete der Küchenchef, mit einem Blick auf meinen überreichten Lebenslauf, der, wie man bedenken sollte, zum Gähnen langweilig war, schaute dann mich an und beurteilte mein Feuer – was, wie ich mir gedacht hatte, tatsächlich das war, was zählte. »Komm am Freitag in einer Woche wieder und wir versuchen das mal.«

JA!, dachte ich. Ich bin drin!!!

Wenn die Vordertür sich nicht öffnet, versuch's hinten durchs Fenster.

➔ Wenn du jemanden von dir oder deinem Traum überzeugen willst, darfst du das nicht halbherzig tun. Du musst dabei völlig präsent sein, wach und dir gänzlich der Richtung bewusst, in die du dein Schiff steuern willst. Erscheine persönlich. Zeige bescheidenen Enthusiasmus. Mache deinen Pitch zu einer todsicheren Sache. Die grundlegende Formel dabei lautet:

☐ Bitte jemanden, der euch beide kennt, euch einander vorzustellen, falls das aber nicht geht, dann stelle dich der verantwortlichen Person selbst vor. Bring dich in eine Situation, in der du in der Nähe bist. Schicke Briefe oder hinterlasse eine Nachricht. Sei erfinderisch dabei, wie du sie in die Finger bekommst, stöbere sie auf.

___

☐ Finde einen Weg, damit sie dich oder dein Produkt kennen.

- ☐ Sobald du ihre Aufmerksamkeit hast, stell dich vor (sei dabei schnell und bescheiden).

- ☐ Beschreibe der Person, warum du ihr Unternehmen/sie persönlich so magst. (Meine es ernst – finde also heraus, was es ist, und fasse es in eigene Worte.)

- ☐ Mach dich nützlich. Überlege dir, was du der Person scheffelweise liefern kannst, was sie nicht eh schon hat, und biete es an. Sei hilfsbereit und lösungsorientiert, und dann bekommst du deine Chance.

- ☐ Liefere ein schnelles Beispiel, um deinen Wert zu demonstrieren. Beweise deinen Nutzen und zieh dir eine Gelegenheit an Land, statt auf deinen Wert zu bestehen und somit vielleicht keine zu bekommen.

- ☐ Gib einen Teil deines Könnens umsonst weiter – was nicht heißen soll, dass du deine Arbeit einfach so zur Verfügung stellst, aber finde einen Weg, um glaubhaft zu vermitteln, was du kannst, sodass du dann die besseren Chancen bekommst.

- ☐ Wachse über dich hinaus.

»Was ist mit diesem Vorschlag?«, antwortete ich, verhandelnd. »Ich komme für das GANZE Wochenende vorbei, damit Sie sehen können, wie ich arbeite. Ich komme also Freitag, Samstag und Sonntag, sodass Sie ein vollständiges Bild von mir bekommen. Das wäre meiner Meinung nach am besten.«

»Okay, ja, klar«, sagte er, schon wieder zum nächsten Projekt übergehend, das er durch seine Brille musterte.

»Wunderbar, vielen Dank! Dann bis Freitag.«

»Okay«, sagte er, während mich alle anderen mit einem großen »*Hä?*« anschauten. Ich ging auf die gleiche Weise hinaus, wie ich hineingekommen war: seelenruhig, aber mit etwas mehr Schwung im Gang. Sobald ich aber das Restaurant verlassen hatte und allein war, strahlte ich wie ein verdammter Leuchtturm. Aber wenn mir Mexiko-Stadt eins bewiesen hatte, dann dass ich, komme was wolle, immer wieder auftauchen musste, statt nach Hause zu gehen, weil ich klasse bei einem Vorsprechen abgeschnitten hatte. Also machte ich weiter. Mein nächstes Ziel war ein weiteres Toprestaurant. Ich stürmte gegen 14:30 Uhr rein, mit meinem Lebenslauf in der Hand. Der Inhaber/Chef war nicht da, aber dafür der Vize. Ich lief also direkt auf ihn zu, von der guten Erfahrung des letzten Restaurants getragen.

»Ich bin auf der Suche nach einer Chance, hier zu arbeiten«, sagte ich und hielt ihm meinen Lebenslauf hin, während ich den gleichen Sermon abhielt wie im Providence.

»Ah ja, danke, cool«, antwortete er. »Aber wir stellen gerade nicht ein.«

Um ihn herum befasste sich das Küchenpersonal mit der Familienmahlzeit und schaute mich mit einem Ausdruck an, der sagte: *Wir sind alle Mitglied im Klub. Du nicht.* Es fühlte sich zumindest so an.

»Ah okay, vielen Dank, aber geben Sie mir gern Bescheid, wenn Sie jemanden für Stage brauchen – meine Kontaktdaten stehen auf dem Lebenslauf«, sagte ich zu ihm und kämpfte um das Lächeln in meinem Gesicht, solange ich im Gebäude war. Er gab mir ein schiefes Lächeln zurück und lief davon. Aha, so viel also dazu! Meine aufgepumpten Lebensgeister fielen in sich zusammen, als ich realisierte, dass das Providence wohl eine Anomalie gewesen war, aber ... ich musste weitermachen.

Natürlich kann man nicht einfach uneingeladen in fast ein Dutzend der besten Restaurants in LA wandern und in allen eine Chance angeboten bekommen (zumindest nicht mit meinem Lebenslauf und ohne persönliche Empfehlungen). Nein, ich aß Demutskuchen in den zwei Tagen, die ich brauchte, um alle Restaurants auf meiner Liste abzuhaken. Aber wie bei den Vorsprechen in Mexiko-Stadt war es eine Frage der Ehre für mich, JEDES EINZELNE zu besuchen. Und ich muss sagen, es macht etwas mit einem, wenn man bei einem potenziellen Arbeitgeber aufkreuzt und um eine Chance bittet. Man könnte das altmodisch oder oldschool nennen; es stimmt, dass es nicht mehr so oft vorkommt wie früher, also hat es jetzt eine noch größere Wirkung. Versuch es mal. Schau jemandem direkt in die Augen und bitte die Person um eine Chance – es könnte sich glatt für dich auszahlen. Es verhält sich ähnlich mit handgeschriebenen Mitteilungen – sie machen wirklich einen Eindruck.

Während meiner großen Lebenslauftour durch die Restaurants versuchte ich mein Glück auch in LAs Viertel Little Tokyo. Und zischte zufällig auch an Chefkoch Josef Centeno vorbei. Als ich dann am anderen Ende der Küche angekommen war, fragte ich einen der Tellerwäscher nach Informationen.

»Das ist der Cheffe da drüben«, antwortete er, in Josefs Richtung nickend.

»Oh«, erwiderte ich und flitzte mit knallrotem Gesicht zurück. »Hallo«, sagte ich zu dem Küchenchef, gab ihm meinen Lebenslauf und meinen besten Verkaufsvortrag.

Im Gegensatz zu dem einschüchternden Chefkoch Cimarusti im Providence mit seiner strahlend weißen Kochjacke trug Cheffe Josef ein T-Shirt, Jeans, eine umgedrehte Mütze und Stiefel, die aussahen, als hätten sie schon irre viel erlebt. Cheffe Josef war so bodenständig, dass ich ihn weder als Chefkoch noch als den unablässigen Träumer, Macher und Schaffer wahrnahm, der er war und der demnächst seine eigenen Läden wie das Bäco Mercat, Orsa & Winston, die Bar Amá und so weiter aufmachen würde. Außerdem war er großzügig, mir ein paar Minuten zu schenken und zuzuhören.

»Okay, ja«, sagte er auf seine leise Art, seinen Kopf mir entgegenneigend, während ich sprach. »Warum kommen Sie nicht am Donnerstag oder Freitag vorbei, und wir schauen, ob es passt?«

»ICH WERDE DA SEIN! DANKE!«

Ich konnte mein Glück nicht fassen.

Von zehn Versuchen hatte ich bei zweien eine Chance bekommen! Einfach, weil ich meine Scham im Mülleimer vor der Tür geparkt hatte, hineingegangen war und gefragt hatte. Und weil ich auch nach einem Nein nicht aufgab.

Meine Generalprobe beim Lazy Ox fand vor der im Providence statt. Also ein Trommelwirbel für den Freitagabend: Ich hatte mein Debüt in einer amerikanischen Küche. Sie warfen mich auch direkt in die Fritteuse, oder zumindest war das Teil meiner Arbeit an den heißen Geräten.

»Ich bringe dir ein paar der Gerichte bei«, sagte die Souschefin zu mir und gab mir eine Einführung. »Wir werden sehen, wie gut du dich schlägst.«

Ich mache eigentlich immer Notizen. Also schnappte ich mir inmitten dieser Wucht einer Freitagabendküche das, was herumlag: das blaue Malertape, mit dem Sachen in der Küche gelabelt werden. Ich notierte mir JEDE Zutat für jedes Gericht auf einem anderen Stück Tape, bis hin zur Deko, inklusive der, die ich bei einer

Aufstellung im Supermarkt nicht wiedererkannt hätte. »Topinambur mit Piment d'Espelette.« Ich wusste nicht einmal, was so ein Topinambur war, aber ich schrieb schnell auf: Topinambur (was auch immer dieses knubblige Ding war). Okay, gut. Aber ich wusste einfach nicht, was ein Piment d'Espelette war. (Anmerkung von der 2021er-Ellen: Es ist französischer Pfeffer.) Und ich wusste noch viel weniger, wie man es buchstabierte, also schrieb ich es lautsprachlich auf: D-E-S-P-O-L-I-T.

Ich hatte absolut keine Ahnung, was ich hier machte, aber ich bewegte mich mit der Schnelligkeit des Road Runners und nahm Informationen wie ein Schwamm auf. Ich legte einfach los an meinem von Tape bedeckten Arbeitsplatz. Und mein angeborenes Bedürfnis, niemals im Leben anzuhalten, war perfekt geeignet für eine Nonstop-Restaurantküche wie diese, in der die To-do-Liste endlos ist. Nach einer Stunde hatte ich die Gerichte drauf, die mir die Souschefin gezeigt hatte, also zeigte sie mir ein paar mehr. Und ehe ich michs versah, ging sie davon und ich kümmerte mich um einen ganzen Teil des Menüs. Nach der Hälfte der Schicht hatte ich den Küchenarbeitsplatz für mich. Am Ende der Schicht bot man mir einen Job bei Lazy Ox an.

Dann ging ich ins Providence und versuchte da mein Glück. Ich lief hinein und strahlte vor Glück. Der Chefkoch war nirgends zu sehen, nur sein Souschef Tristan, den alle T-Bone nannten.

»Hey, ich weiß nicht, ob ihr euch noch an mich erinnert«, sagte ich. »Ah, klar erinnere ich mich an dich«, erwiderte er mit einem breiten T-Bone-Grinsen.

Er gab mir meine erste Aufgabe: einen Berg Zitronen. Ich sollte die Schalen schneiden, superdünn, und Diamantformen rausschnitzen, was bedeutete, dass ich chirurgische Fähigkeiten brauchte. Es dauerte tatsächlich dreieinhalb Stunden. Die gesamte Küche wechselte in der Zeit ZWEIMAL durch, das heißt, wir bereiteten uns auf das Abendprogramm vor, putzten, kochten für die Familien UND kehrten dann an die Küchenzeilen zurück. Es war fast Service, was in der Restaurantwelt das Wort für die Zeit ist, wenn die Köche im Einsatz sind, Essen zubereiten und für die Gäste bereitstehen. Ich war noch mit Schneiden beschäftigt. Endlich kam Stephanie, die diese diamantförmigen Zitronenschalen brauchte, vorbei, wollte sich welche schnappen, sah meine verstümmelten Versuche, scheuchte mich zur Seite und erledigte die ganze Arbeit, perfekt, in 20 Minuten. Uff. Ich hatte schon Dreck gefressen, dabei war der Service nicht einmal richtig losgegangen. Ich wollte mich im Kühlraum mit meinem Becher voller beschissener Zitronenschnitze verkriechen.

Als der Service losging, stand ich in der Tellerecke, zuschauend. Zuerst hatte ich versucht zu helfen, wurde aber zurückgescheucht. Es sah aus wie Krieg, der mit diesen präzisen, synchronisierten Bewegungen von einer Seite der Küche zur anderen ausgetragen wurde.

»Bestellung!«, rief der Disponent. »Fünfmal Petersfisch, zwei Hummer zum Mitnehmen, dreimal Seeigel.«

Alle, die etwas mit der jeweiligen Bestellung zu tun hatten, riefen sie dem Disponenten zurück, und in kurzer Zeit flog das Essen nur so auf die Tellerstation. Ich wischte und reinigte den Boden, immer wenn gerade nichts auf die Teller drapiert werden musste, nur um hilfreich zu bleiben, aber ich beobachtete weiterhin alles, fragte die Köche, ob ich ihnen bei irgendwas helfen könnte. Ich erschlich mir meinen Platz mitten in der Action. Stück für Stück durfte ich immer mehr das Essen zur Tellerstation tragen, Kräuter auf die Gerichte streuen und durfte sogar, ich wage es zu sagen, das Geschirr zum Abwaschbecken tragen. Ich hatte nur einen Gedanken im Kopf: *einfach weiterbewegen*. Am Ende der Nacht hatte ich beobachtet, Fragen gestellt, gelernt. Wundersamerweise konnte ich noch stehen. Die Energie im Raum fühlte sich an wie ein Güterzug, und sie er-

ENTSCHEIDEN UND DANN DURCHZIEHEN

laubten mir, bei ihnen zu stehen. Ich hatte nur einen Gedanken im Kopf: *Ich will mehr.*

Ich fühlte mich wie im siebten Himmel, als ich mich nach oben im Büro auf die Suche nach T-Bone machte.

»Soooooo, was denkst du?«, fragte ich ihn. »Krieg ich einen Job? Kann ich hier arbeiten?«

Er schaute mich kleinlaut an.

»Wir stellen gerade nicht ein«, erwiderte er.

Neeeeeeeeeeeiiiiin!!!! Was zum Teufel? WIRKLICH?!? Heilige Scheiße. Das ist peinlich … aber Moment. Ich hab meinen Fuß schon zum Teil in der Tür. Ich kann nicht einfach weglaufen.

Ich hatte keine Ahnung, was sich daraus alles ergeben würde, keine Kristallkugel, aber es war mir glasklar, dass ich mich inmitten einer erstklassigen Gelegenheit befand – um von großartigen, talentierten, hart arbeitenden Köchen zu lernen, die das taten, was ich selbst machen wollte. Sie kochten unfassbares Essen mit den besten Zutaten und machten Menschen glücklich. Ich musste also einfach wiederkommen dürfen. Statt mich also auf die kurzfristigen Verdienste zu konzentrierte, zoomte ich raus und betrachtete das langfristige Bild. Das, was ich wollte. Und wie ich es vielleicht bekommen könnte, wenn ich auch nur ein klein wenig von mir gab. Es wirkte, als könnte diese Tür sich direkt vor meinem Gesicht schließen. Also musste ich wohl einfach durch das Fenster hinten hineinklettern.

»Na gut, okay, aber ich würde liebend gern wiederkommen, lernen, wenn ich darf.«

»Okay, klar«, antwortete er und schaute mich an wie eine Einkaufsliste. »Das geht.«

Das musste er mir nicht zweimal sagen. Ich tauchte also für jede Schicht mit möglichst viel Enthusiasmus und Stehvermögen auf. Ich hielt meine Augen offen. Ich stellte eine Million Fragen und versuchte, alles in mich aufzusaugen. Ich suchte nach Möglichkeiten, um zu helfen. Ich putzte wie eine Wilde. Ich lernte jeden Millimeter der Küche kennen, als wäre es meine eigene. Es störte mich keinen Meter, dass ich für die Arbeit nicht bezahlt wurde. Ich war eine Stage (also eine unbezahlte Praktikantin) und wurde, ziemlich ansehnlich, in Erfahrungen bezahlt. Und Möglichkeiten. Und Beziehungen. Dafür war ich dankbar. Und ich strahlte das auch aus.

Nach zwei Wochen davon kam Tristan mit einer Frage auf mich zu: »Wie schnell kannst du deinen anderen Job kündigen? Wir wollen dich anstellen.«

Die Spiele hatten begonnen.

Eine Bemerkung der zukünftigen Ellen an die frühere: Ein »Nein« kann manchmal ein langfristiges »Ja« sein, wenn man nicht sofort die weiße Fahne auspackt und aufgibt. Mach weiter, immer – auch wenn es nur millimeterweise vorangeht, ist es doch Fortschritt.

Viel davon hat mit Perspektive zu tun. Ich kann tatsächlich nicht an allen Fingern aller Köche, die meine Schürzen tragen, die Male auflisten, in denen mir die Tür vor der Nase zugeschlagen wurde. Manche würden davon ausgehen, dass das das Ende der Geschichte ist – sie haben »Nein« gesagt. Aber was ist mit den anderen Optionen? Reagiere schnell und finde einen Weg, um präsent und hilfreich zu sein. Aus den Augen, aus dem Sinn ist nicht hilfreich, wenn man einen Job finden oder etwas verkaufen will. Tauch immer wieder auf. Also biete ihnen etwas, das sie brauchen und wertschätzen, und irgendwann wirst du vielleicht eine Chance bekommen.

Etwas anderes solltest du außerdem im Hinterkopf behalten: Wenn Menschen »Nein« sagen, heißt das nur jetzt »Nein«, aber nicht für immer. Immerhin bist du jetzt in ihrer geistigen Registratur und vielleicht sogar eine Freundin, was mir persönlich am wichtigsten ist. Menschen – Boss, Kunde oder etwas anderes – sind keine Erledigungen, sondern potenzielle Beziehungen.

Versteh das Nein, um das Warum zu verstehen.

→ Manchmal geraten Ideen ins Stocken, bevor sie den Bahnhof verlassen, weil wir ein Nein zu wörtlich nehmen. Wenn wir das Warum hinter dem Nein verstehen, finden wir öfter einen Weg auf die andere Seite. Es stellt sich nämlich heraus, dass ein Nein auch das Folgende bedeuten kann:

- »Ich hab schlechte Laune.«
- »Nicht jetzt.«
- »Ich brauche mehr Informationen.«
- »Ich muss darüber nachdenken.«
- »Ich bin mir nicht sicher, ob mein Chef es mir erlauben wird.«
- »Ich bin gerade faul.«
- »Der Preis stimmt nicht.«
- Oder, was ich am wenigsten mag: »Nein, weil wir es schon immer so gemacht haben.«

Was ich zwischen den Zeilen lesen kann:

»Nein, weil es bequemer ist, mit dem zu arbeiten, was ich weiß, statt neue Wege zu finden, um etwas zu machen, das mir Angst einjagt/mich nervt/herausfordert/anstrengt/überfordert.«

Was sie tatsächlich meinen, soweit ich es verstanden habe:

»Nein, aber wenn du mir beweisen kannst, dass dein neumodischer Weg nicht zu unbequem oder schwierig wird und ich tatsächlich irgendwann dadurch besser werde, dann, vielleicht, ja.«

Mit dem
Küchenteam
des Providence,
etwa 2013

Schau, sieh es so, das Nein der vorherigen Minute – das sich wie eine furchtbare Zurückweisung anfühlte, wie ein Steakmesser im Herzen – hatte eigentlich mit dir selbst nicht allzu viel zu tun. Daher liegt es also an dir, wenn du in diesem Moment weggehst. Was wäre aber, wenn du bleibst, nach weiteren Informationen fragtest, noch mehr für ein mögliches Feedback und einen guten Freund malochst, wenn vielleicht nicht für einen neuen Kunden? Vielleicht bist du zu nervös und begierig, den Raum zu verlassen, nachdem du einige Neins gehört hast. Ich versteh das. Die wenigsten Menschen können von Natur aus mit Ablehnung umgehen. Aber genau deswegen ist es wichtig, diesen Kram in der realen Welt zu üben. Je mehr du das machst, desto einfacher wird es – und umso natürlicher wird es sich anfühlen. Und wenn du ein paarmal Ja gehört hast, dann traust du dich vielleicht, dich auch in die Ablehnungen zu verkrallen.

Wenn ich in eine Situation gerate, dann tauche ich dort als ich auf. Ich schaue Menschen in die Augen. Ich umarme sie. Ich stelle Tausende Fragen. Ich mische mich in Sachen ein, manchmal sogar, bevor ich darum gebeten wurde. Ich bin nicht schüchtern dabei, sei es bei Schürzen oder Masken oder was auch immer gerade mein liebstes Thema ist. Alle, die mich kennen, werden dir genau das sagen. Ich habe herausgefunden, dass diese Kombination aus Ehrlichkeit und Direktheit die Basis dessen ist, andere Menschen mit meinem Enthusiasmus anzustecken.

Ja, das ist teilweise einfach das, was mich ausmacht. Ich weiß, dass sich dies für die Introvertierten da draußen unmöglich anfühlt. Aber ich habe diesen Teil meiner Persönlichkeit größtenteils in Mc xiko-Stadt aufgebaut, wo ich kein Sicherheitsnetz hatte, sodass ich mir dort einfach einen Ruck und Mühe gegeben und einen Eindruck gemacht habe – egal, wie überfordert ich mich dabei manchmal gefühlt habe. Aber selbst wenn du solche Erfahrungen nicht gemacht hast, gibt es dennoch Wege, wie du dich selbst aufbauen kannst. Besuche einen Rhetorikkurs. Oder einen zu Improvisation (hab ich als Teenager gemacht). Verlass deine Komfortzone – es hilft alles!

Vielleicht ist ihre Standardantwort immer ein Nein, aber versuch, tatsächliches Feedback zu bekommen (und das ist genauso viel wert wie Gold). Oder versuche, später wiederzukommen. Oder lass sie dich zu einem anderen Laden schicken, der vielleicht genau so jemanden WIE DICH brauchen kann.

Alle diese Ergebnisse sind ein Erfolg, vor allem wenn du dabei eine Beziehung aufgebaut hast. Das ist immer ein Ja.

4

Demütiger Enthusiasmus

➡️ **Weißt du noch, wie ich im Jahr 2012 für Cheffe Josef 40 Schürzen herstellte, deren stümperhafte Überreste aus dem Feuer zog, sie neu produzieren ließ und auf der anderen Seite mit keinem einzigen Dollar, aber mit einem langfristigen Kunden herausgekommen war?**

Nicht nur das, denn ich hatte auch meine liebste Sache gemacht: Ich hatte etwas entdeckt, das ich verbessern konnte, und das dann tatsächlich auch getan. Was für ein Nervenkitzel! Genau das war eine Markierung auf meinem Selbstbewusstseinsgürtel.
Danach hatte ich eine Mission. Ich behielt meinen Tagesjob – genau genommen meine drei Tagesjobs –, aber aß, schlief und atmete Schürzen.

Ich hatte kein Büro, keine Website und auch keinen Co-Piloten mehr – Kevin hatte auf einen Schlag verkündet, dass er nicht mit dem Herzen bei der Sache und ich ohne ihn besser dran sei. Ich hatte ein Handy und Jose für das Nähen. Ich entschied, ich würde zwei Schürzenarten verkaufen – ein Ganzkörpermodell und eine Version, die von der Hüfte an abwärts ging, sogenannte Bistros. Es gab auch noch das Notizbuch, in das ich meine Bestellungen schreiben würde, und einen Mini Cooper, der bis zum Dach vollgestopft war mit Stoffmustern und eingerollten fertigen Schürzen.

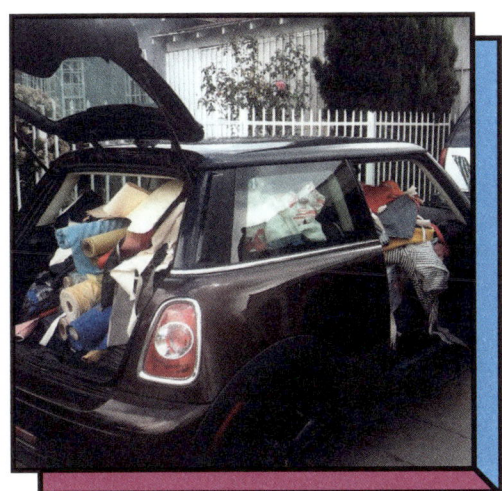

◀

Der Umzug des H&B-Hauptsitzes von meinem Haus in das erste tatsächliche Büro 2013

Es stellte sich jedoch heraus, dass eine großartige Idee und ein glücklicher Kunde nicht reichten, um ein ganzes Unternehmen in Gang zu bringen. Ich hatte definitiv einen Vorsprung, weil ich bei zwei tollen Restaurants arbeitete, die alle in der Szene in LA kannten und respektierten. Das verschaffte mir zwar Glaubwürdigkeit, aber war noch weit entfernt von Erfolg. Ich wollte hier schließlich etwas verkaufen, das noch von niemandem auf dieselbe Art angeschaut worden war. Weil die meisten Restaurants ihre Weißwaren ausliehen, inklusive der Schürzen, waren sie nur eine Nebensache. Und klar, die Stoffe waren irgendwie schäbig und hässlich, aber sie waren soooo billig und eh nur für die Köche im Hinterzimmer. Was soll's also? Sie waren immer okay gewesen. Und aus dem Nichts kam ich daher mit einer Premiumschürze, die das Vier- oder Fünffache des sonstigen Preises kostete. Ich wusste, dass ich eventuell zu hören bekommen würde: »Sind Sie verrückt? Das ist doch irre.«

Aber ich wusste, dass es besser gehen konnte. Das tiefere Warum von H&B wurde sofort ersichtlich, sobald man die Schürze anzog. Die getragene Kleidung ließ die Menschen der Rolle entsprechend aussehen und fühlen, daher wollten sie dann auch ihr Bestes in der Küche geben, unabhängig von ihrer Rolle – als Chef oder als Assistenzkoch oder Gardemanger. Auch wenn die Schürzen im ersten Moment teuer wirkten, waren sie im Vergleich zu den Leihgebühren eine Investition. Das Team trug dann eine qualitativere, langlebigere Ausrüstung, in der es fantastisch aussah, und die manchmal individuell zum Kunden angepasst wurde. Sie war schon immer so wichtig wie das Messer, das in der Küche benutzt wurde, also würde jetzt auch ebenso viel Sorgfalt in ihre Herstellung fließen.

Warum sollten wir eine Ausrüstung tragen müssen, die nicht die gleiche Qualität und Zweckmäßigkeit hat wie die besten Gerichte des Landes, die wir mit viel Blut, Schweiß und Messerfertigkeit zubereiten? Warum sollten wir nicht Messingteile haben, japanischen Denim

H&B-Schürzendesign

➤ **Mit diesen Verbesserungen schlug unser Design die üblichen billigen Polycotton-Schürzen um Längen**

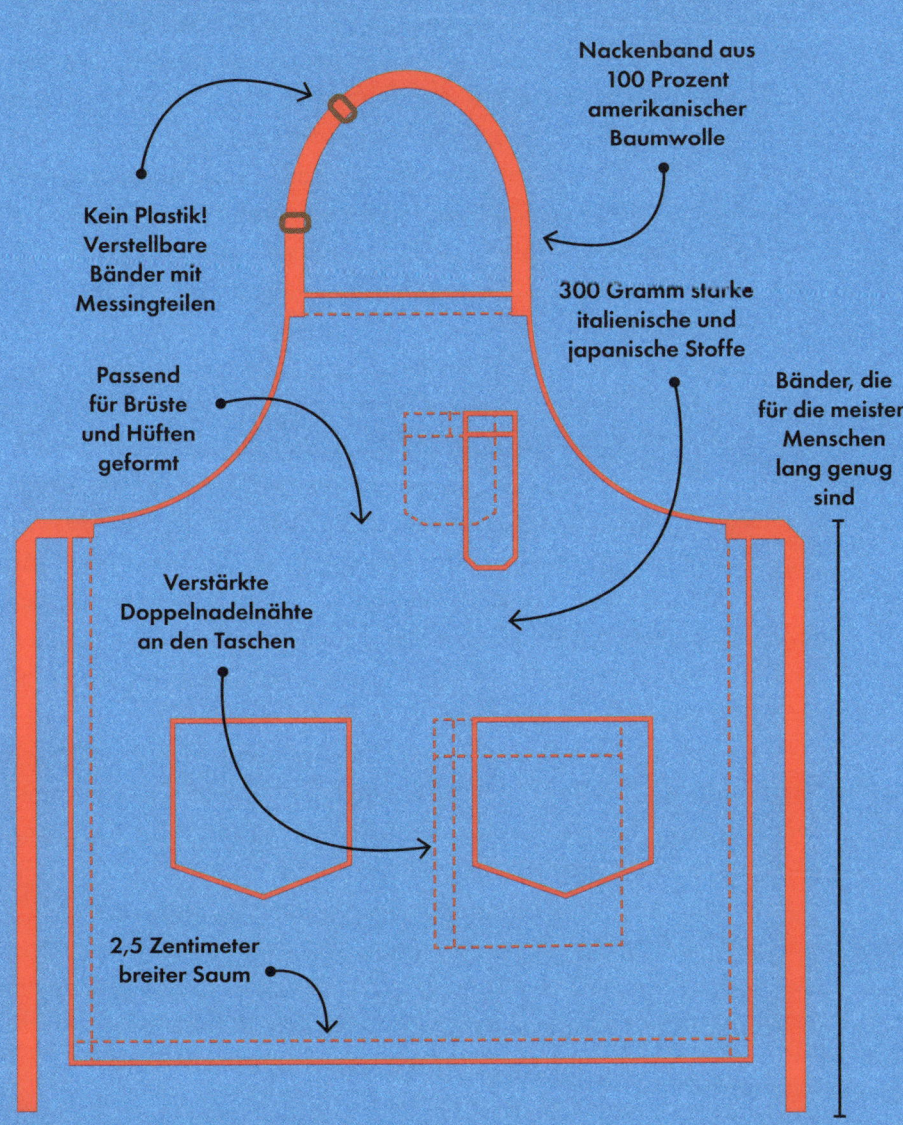

Nackenband aus 100 Prozent amerikanischer Baumwolle

Kein Plastik! Verstellbare Bänder mit Messingteilen

300 Gramm starke italienische und japanische Stoffe

Passend für Brüste und Hüften geformt

Bänder, die für die meisten Menschen lang genug sind

Verstärkte Doppelnadelnähte an den Taschen

2,5 Zentimeter breiter Saum

oder diese besonderen Nähte auf der Brust? Mein Instinkt sagte mir, dass ich auf eine gute Idee gestoßen war. Jetzt musste ich es nur von Grund auf aufbauen.

Das ist eine komische, aber wichtige Etappe! Dein Traum kann nicht zur Wirklichkeit werden, solange du nicht andere Menschen ins Abenteuerboot holst. Denn das erst gibt dem Ganzen Legitimität und Beständigkeit. Das gilt, wenn du ein neues Unternehmen, ein neues Nebenprojekt oder einen großen Plan aufbauen willst. Du hast die Idee für etwas, das Menschen entweder wollen oder brauchen – sie wissen es nur noch nicht. Menschen können keine Gedanken lesen, es ist also dein Job, ihnen zu zeigen, was du anzubieten hast, welches Problem es lösen kann und warum sie es brauchen – mit Begeisterung und Überzeugung.

Diese Crew wird dein Ausgangspunkt auf deiner Reise sein. Wenn du dafür sorgst, dass sie glücklich sind, dann hast du die beste Quelle für frühes Feedback und deine leidenschaftlichsten Jünger, die dazu beitragen, den von dir geschaffenen Zauber zu verbreiten. Jedes Volk sieht anders aus, und auch mein Schürzentrupp war einzigartig für mich und mein Produkt. Um die ersten Kunden für mein junges Unternehmen zu finden, hieß das, dass ich Menschen entdecken musste, die an meine Vision glaubten und die Wichtigkeit meines tieferen Warum verstanden: stolz auf die Ausrüstung zu sein, die man trägt.

An den meisten Tagen rannte ich Richtung Providence oder Bäco, wo ich dann um 15 Uhr meine Schicht begann. Während meiner »Mittagspause« um 16 Uhr hüpfte ich auf den Parkplatz, mit meinem Essen auf einem Melaminteller und einem Einwegbecher in der Hand, und führte Konferenzgespräche in meinem Auto.

»Ich bin supergespannt, zu hören, was Sie so auf die Beine stellen und nach was Sie suchen«, fing ich das Gespräch freundlich an (weil ich tatsächlich gespannt war – täusche das nicht vor, Menschen riechen gequirlte Scheiße zehn Meilen gegen den Wind). »Hat Ihr Team je eine H&B-Schürze getragen? Denn wir benutzen geniale Stoffe, die vier- oder fünfmal so lange halten (tatsächlich!). Ihre Belegschaft wird diese Dienstbekleidung lieben, weil sie superbequem ist und besser passt, und wir können sie auch an die CI Ihres Restaurants anpassen.«

Aber ich musste immer die Zeit im Auge behalten und das Gespräch möglichst elegant zu einem Ende bringen, sobald meine Essenszeit zu Ende war.

»So, das war irre hilfreich, vielen Dank für das Gespräch, ich freu mich wirklich sehr, dass wir das zusammen angehen werden«, sagte ich abschließend. »Mein Team ist gespannt auf unsere Zusammenarbeit. Wir melden uns bald. Vielen Dank dafür!«

Sie konnten nicht ahnen, dass ich eine Minute später wieder nach drinnen flitzen, meine eigene Schürze zuknoten und an meinen Arbeitsplatz schlittern würde, um diese verdammten Austern aus ihrer Schale zu lösen.

Ich begann meine Pitches immer mit dem Warum von H&B, weil ich wusste, dass ich einen besseren Weg gefunden hatte. Und ich musste nur genügend Köche und Restaurantbesitzer treffen können, um ihnen das alles zu erklären, sodass ich sie konvertieren konnte. Es ging nicht nur darum, was ich ihnen zu erzählen hatte, sondern auch, wie ich es ihnen erzählte: mit einer fetten Ladung an demütigem Enthusiasmus. Ich hörte mehr zu, als ich redete, hielt aber das Tempo und die Lautstärke laut genug, um gehört zu werden, weil ich wusste, dass die Köche an einem kurzen Tag 12-Stunden-Schichten schoben und ich dementsprechend die Zeit verdammt gut nutzen wollte, die sie mir zur Verfügung stellten.

Dank meiner genauen Beobachtungen und meinem Zuhören verstand ich, dass es – immer – eine bessere Verkaufsstrategie war, um einen Ratschlag zu bitten, statt, na ja, zu verkaufen.

DEMÜTIGER ENTHUSIASMUS

=

Was
du weißt

BEGEISTERT TEILEN

+

BEGEISTERT LERNEN

Was
du nicht weißt

Ich war eines sonntags auf dem Weg zum Bauernmarkt in Santa Monica, einer der liebsten Plätze, an denen sich die wichtigsten Köche der Stadt tummelten. Mit dabei hatte ich die paar Schürzenmuster, die ich zu dem Zeitpunkt gerade vorrätig hatte. Und siehe da, ich erblickte gleich einen meiner Chefs, Donato Poto – der sehr italienische, lächelnde Mitbesitzer und Hausherr am Eingang des Providence. Er kam zu mir herüber und betrachtete meine bescheidene Auslage: ein paar bunte Schürzen, die über einen Stuhl drapiert waren, ein selbst gemachtes Zeichen und einige selbst gebastelte Visitenkarten. Ich hatte mir für 20 Dollar einen Stempel mit dem H&B-Logo machen lassen. Und ich hatte mir bei Staples ein paar vorgeschnittene Visitenkarten in der dicksten Stärke gekauft.

Während wir uns unterhielten, erblickte ich ein anderes mir bekanntes Gesicht mit nach oben gegelten dunklen Haaren. *Ist das ...?*

»Das ist Chefkoch Josiah Citrin!«, stellte ich fest. »Er hat zwei Michelin-Sterne!«

»Komm mit«, erwiderte Donato, lachend, immer voller guter Laune und Hilfsbereitschaft. Er führte mich zu Josiah rüber und stellte uns einander mit seinem üblichen Talent dafür vor.

»Sie arbeitet im Providence, sagte Donato in seinem fetten, aber freundlichen italienischen Akzent, mit einem breiten Lächeln im Gesicht. »Sie verkauft außerdem Schürzen.«

Es gibt in der Restaurantszene in LA wenige Beweise für Qualität, die so viel wert sind wie Donatos Einschätzung, also hielt Josiah inne und widmete mir seine Aufmerksamkeit.

»Oh, hi! Ja, genau, ich arbeite im Providence und ja, ich stelle Schürzen her«, sagte ich, fuhr meine Arbeitstemperatur hoch und lieferte eine 45-sekündige Version meines Pitches mit möglichst viel Begeisterung ab.

Wie man etwas verkauft, ohne es dabei wie eine Transaktion wirken zu lassen

◼ **Gib eine kurze Zusammenfassung** dessen, warum du tust, was du tust.

◼ **Verändere das Skript und beschäftige dich mit ihnen.** Stell Fragen über ihren Laden, ihren Platz, darüber, was sie machen. Und entdecke dabei Aspekte, die du an ihrem Projekt liebst. Alle haben eine Geschichte zu erzählen, und du musst ihre verstehen, weil du, letztlich, ihnen dabei helfen willst.

◼ **Stell Fragen** darüber, was sie sich erhoffen und brauchen, was sie wollen, um herauszufinden, wie du ihnen helfen kannst.

◼ Hör ihnen zu, als wärst du ein Arzt und versuchst, ihre Leiden zu diagnostizieren — was funktioniert, was nicht, was schmerzt, was ist kaputt, was macht sie glücklich? **HÖRE ZU.** (Viele Menschen können Fragen stellen, aber vergessen dann, bei den Antworten zuzuhören.) **HÖRE IHNEN WIRKLICH ZU.**

◼ **Mache** detaillierte Notizen, damit du nichts vergisst.

■ **Stelle Folgefragen,** um die tieferen Gründe hinter den ersten Antworten zu verstehen.

■ Stelle sicher, **dass du verstehst, was sie wollen. Dann kannst du ihnen entweder zeigen, was du kannst, oder mit ihnen brainstormen und zusammen an einer Lösung arbeiten, oder ein Folgeangebot zuschicken. In jedem Fall solltest du das Gehörte wiederholen. Bei mir war das in etwa: »Okay, klar, das klingt super, du hoffst also auf etwas Cooles, aber auch Klares mit ein wenig Farbe, die knallt, und wir sollten daher bei ein oder zwei Farben maximal bleiben.«**

■ **Bleib menschlich und sympathisch – sei kein Roboter!**

■ **Verhalte dich effizient gegenüber deiner und ihrer Zeit. Halte dich kurz und bündig. Verschaff dir die nötigen Informationen, bring die nötigen Punkte rüber, zeig ihnen, was du ihnen zeigen musst, und mach dich dann vom Acker.**

■ **Nutze deine emotionale Intelligenz, um sowohl das Interessensniveau einzuschätzen als auch die Tatsache, ob sie gerade in Eile, gestresst sind oder etwas anderes erledigen müssen.**

■ **Sei proaktiv und fasse zusammen, was DU als Nächstes tun wirst, merke außerdem an, falls dein Gegenüber etwas tun sollte, und geh dann.**

Josiah gab mir keine definitive Zusage, aber er lud mich auf sein Mutterschiff der kulinarischen Exzellenz, das Mélisse, ein. (Ich sprang dabei schier aus meiner Schürze, aber blieb natürlich äußerlich gelassen.) Als ich dann mit Mustern in seinem Büro stand, entschied ich mich dafür, ihn um seine Meinung zu bitten, das Ganze also lieber um seinen Input kreisen zu lassen als um die Schürzen selbst.

»Ich habe ein paar verschiedene Farben mitgebracht und wollte Sie um Ihre Meinung dazu bitten«, sagte ich zu ihm. »Wir arbeiten mit diversen Stilen, haben uns aber noch nicht ganz für die tatsächlichen Schnitte entschieden oder die Varianten, mit denen wir als Erstes an den Markt gehen wollen. Ich würde mir unglaublich gern Ihren Input dazu anhören, daraus lernen, was Sie brauchen, was Sie denken. Ob da etwas ist, was ich ändern, beheben oder verbessern könnte. Wir arbeiten daran, die Schürzen immer noch besser zu machen.«

So bekam ich gleichzeitig seinen Input und seine Zustimmung. Es wurde mit keinem Wort erwähnt, dass ich versuchte, ihm auch nur eine Schürze zu verkaufen, sondern einfach eine Begeisterung für das, was ich ihm hier bieten konnte – ich lud ihn ein, den Stoff zu fühlen, bat ihn um seinen Input und sein Feedback, um das Produkt letztlich noch zu verbessern. Dieses Feedback nahm ich mir zu Herzen, und so wurde aus dem Besuch mit hilfreichem Rat eine Bestellung Josiahs. Innerlich feierte ich das für eine Millisekunde, um mich dann sofort wieder der Arbeit zuzuwenden und das Ganze auch zu verwirklichen. Im Verlauf der ersten paar Jahre von H&B wartete ich immer auf eine Hiobsbotschaft oder ein Desaster, also dachte ich bei mir: *Ich muss vielleicht einfach nur schnell genug rennen, damit das Ganze nicht plötzlich zum Stehen kommt.*

H&B wurde in den ersten sechs Monaten zu einem riesigen, kraftvollen Magneten. Es zog die ersten Helfer an, die meine Freunde waren, und die Freunde dieser Freunde, die sich dem Gedanken

> Sei freundlich. **Selbst ein Nein ist wertvoll in Bezug auf Informationen**, die dir dabei helfen können, etwas zu verbessern, oder es hält dir die Tür auf für eine zukünftige Beziehung.

hinter H&B widmeten und mir ihre Hilfe in ihrer Freizeit anboten. (Ein RIESIGES Lob an dieser Stelle an meine ersten Mitarbeiterinnen, Marissa und Allie.) Unsere gemeinsame Leidenschaft für das, was wir hier taten, war ein mindestens so großes Aushängeschild wie die Schürzen selbst. Und es wuchs und wuchs und wuchs. Die ersten Chefköche waren wie Samen, die vom Wind aufgegriffen und über das Feld der neuen H&B-Fans verteilt wurden.

Ich war völlig überrumpelt von der Tatsache, dass wir kurz vor dem Einjährigen von H&B bereits eine Followerschaft hatten. Ich hatte Kunden und Menschen um mich, die sich genauso bemühten wie ich! Ursprünglich war es mein Bestreben gewesen, Hedley & Bennett mit möglichst vielen Menschen zu teilen, ein Abenteuer von Koch zu Koch, von Straße zu Straße. E-Mails und Nachrichten waren ein großer Teil meines wöchentlichen Engagements, wenn ich einen Koch bei einem Event oder über einen anderen Koch kennengelernt hatte. So wie das eine Mal, als ich Chefkoch Jonathan Benno im Strand House in Manhattan Beach kennenlernte und mir mithilfe einer demütigen E-Mail ein persönliches Treffen in seinem Restaurant in New York City erschlich.

Datum: Donnerstag, 3. Oktober 2013, 20:39
Betreff: Hedley&Bennett-Schürzen-Mädel :)

Hi Jonathan!

Es war toll, dich letztens kennengelernt zu haben. :)
Ich melde mich bei dir, weil ich gerade einen Trip nach NYC
nächste Woche plane und mir gern deine Küche und Arbeit
ansehen würde!

Außerdem habe ich mich auch gefragt, ob es vielleicht
Köche oder Restaurants gibt, die ich deiner Meinung nach
mal kontaktieren sollte.

Ich möchte Hedley & Bennett wirklich wahnsinnig gern nach
New York bringen, aber es ist ein noch recht neues Gebiet für
uns, und es gibt einfach sooo viele Restaurants!

Ich freue mich sehr über jegliche Hilfe!
Bis hoffentlich nächste Woche!

Viele Grüße
Ellen, die Schürzen-Dame :)

CHEFKOCH BENNO HIELT SEIN WORT und lud mich ins Lincoln ein. Ich schlug gegen 15 Uhr dort auf, also zwischen den Wellen der Gäste für Mittag- und Abendessen. Es fühlte sich an, als würde ich unter Wasser in eine völlig neue Welt eintauchen, als ich das Restau-

Ein Interview mit Chefkoch Benno

▶ Nach unserem Kennenlernen im Strand House in Manhattan Beach erklärte sich Chefkoch Jonathan Benno dazu bereit, dass ich ihn in seinem damaligen Restaurant, dem Lincoln, besuchen kommen könnte. Außerdem war er so nett, mich per E-Mail einigen anderen in New York City vorzustellen, wo ich zu dem Zeitpunkt versuchte, Fuß zu fassen. Er erinnert sich daran wie folgt:

»Als sie nach New York kam, arbeitete ich im Lincoln Restaurant auf der Upper West Side … und konnte sie ein paar Leuten vorstellen. Ich wusste, dass sie in Los Angeles eindeutig gut aufgestellt war und gemocht wurde. Sie brachte also all dieses Wohlwollen mit nach New York und fand hier, natürlich, schnell Freunde. Sie ist immer noch irre freimütig nicht nur mit ihrer Zeit, sondern auch ihren Schürzen und jetzt auch mit ihrer Ausrüstung – die Produktauswahl ist gewachsen. …

Ich treffe sie immer, wenn sie hier ist, und es macht jedes Mal Spaß, wenn sie meint: ›Hey, schau mal, ich arbeite gerade an einer neuen Schürze.‹ Aber jetzt hat sie es sogar geschafft, sich ihren Weg in eine superschwierige Nische, wenn man es so nennen kann, zu bahnen: die der Kochausrüstung. Dieser Markt ist echt übersättigt. Er ist laut und viele Menschen versuchen, die Aufmerksamkeit auf sich zu ziehen, aber sie hat ein wirklich qualitatives Produkt. Es ist nicht günstig, sondern definitiv eher auf der teureren Seite der Auswahlpalette, aber wie die meisten Sachen im Leben bekommt man halt auch das, was man dafür bezahlt, für die Arbeit, die Qualität der Bestandteile, wie eben das Material. [Die Schürzen] sind wirklich richtig, richtig gut gemacht, sehr langlebig. ... Sie betrachtet es wie die Köchin, die sie ist, und sie kennt, redet und hängt mit Unmengen Menschen aus der Szene ab. Sie steht also mit einem Bein im Stoffgeschäft, aber mit dem anderen in der Gastro. Ich kenne Ellens Geschäftssinn nicht, aber dafür ihre Persönlichkeit, ihr Temperament und ihre Energie.«

Warum hast du dir die Zeit genommen, die du eigentlich nicht hast, um Ellen in New York City per E-Mail anderen vorzustellen?
»Ich habe immer noch nicht das Gefühl, als hätte ich wahnsinnig viel gemacht, aber mir haben eben auch andere Menschen auf meinem Weg geholfen. Also, klar, du hast recht, ich habe nicht viel Zeit, aber Menschen haben mir geholfen, wenn ich also die Gelegenheit habe – und was hat es mich tatsächlich gekostet, ein paar E-Mails zu schreiben und ein paar Anrufe zu tätigen? Vielleicht 20, 30 Minuten? Aber schau doch mal, was ich im Gegenzug dafür bekommen habe. Ich meine, ich hab eine fantastische Freundin gefunden, die Zeit hat sich also auf jeden Fall gelohnt. Und es war einfach ihr Temperament. Ich werde mich nicht aus dem Fenster lehnen für jemanden, wenn ich nicht vollständig an diese Person glaube, aber bei Ellen, ihr Temperament, man spürt es förmlich im Raum – sie elektrisiert die Luft. Und natürlich hat ihr Produkt eine fantastische Qualität. Wird in Los Angeles hergestellt. Ich kaufte ihr die ganze Sache von Anfang an ab, auch wenn ich ein wenig skeptisch bei dem Geschäftsmodell war, weil der Markt so umkämpft ist.

Aber was soll ich sagen? Manchmal liege ich gern daneben.
Sie hat es geschafft.«

»Wenn sie irgendwann diesen Film [über Ellens Leben] drehen,
wird dies[er Besuch] auf jeden Fall mit reingenommen. Wie
gesagt, sie ist so großzügig, dass sie nicht mal mit den Taschen
voller Schürzen zurück nach LA geht. Das sind Muster und
Geschenke, und vielleicht auch eine kleine Bestellung von John,
oder, meine Güte, French Bistro braucht noch mehr Schürzen,
also komme ich vorbei – ich bring sie ihnen. Also ja, und da ich
von der Ostküste komme, fiel sie mir sofort auf: ›Lady, du bist
wahrlich nicht von hier‹, mit den knalligen Klamotten und den
Gesprächen mit allen möglichen Menschen auf der Straße. Und
zwei riesigen Tüten voller Schürzen und Ausrüstung. Sie ist ein
Wirbelsturm, das steht fest.«

Als Koch braucht man Leidenschaft und eine Freude zum Detail,
hast du in ihr also eine verwandte Seele gesehen?
»Absolut, und wie gesagt, sie arbeitete selbst in einer Küche.
Ich wusste, dass sie im Providence arbeitete. Das ist ein ernst
zu nehmendes Restaurant, ein ernst zu nehmender Ort, eine
ernst zu nehmende Küche. Michael und sein Team – die Defini-
tion von Akribie, guten Zutaten und einer Liebe zum Detail. Ich
will nicht behaupten, dass sie das alles vom Providence, von
Michael und seinem Team hat, aber hey, es ist sicherlich hilfreich, wenn man seine Zeit in so einem Umfeld verbringt. Das
ist ein außergewöhnlicher Ort, und er ist eine außergewöhn-
liche Person.«

rant betrat. Ich befand mich plötzlich in einem entspannten, makellosen Raum, in dem Männer im Anzug penibel genau Weingläser polierten. Dann veränderte sich die Welt erneut, als ich durch die Tür in Richtung der hell erleuchteten Küche ging, mit dem lauten, heißen, chaotischen Kampfeinsatz auf der anderen Seite. Ich schleppte einen riesigen Würfel zusammengelegter Schürzen in einer großen Tasche mit mir durch die Gegend, wusste aber, wie ich mich inmitten der klappernden Topfdeckel, laufenden Spülmaschinen und dem gluckernden Öl bewegen musste, um auf die Köche reagieren zu könnten, die mit lautem »Von hinten!« auf ihren Ort in diesem engen Gewusel aufmerksam machten, wenn sie an einem mit heißen Pfannen und zeitkritischen Zubereitungen vorbeischossen.

»Herzlich willkommen im Lincoln«, begrüßte mich Chefkoch Benno.

»Vielen Dank! Es freut mich sehr, hier zu sein!«

Er zeigt mir die Räumlichkeiten, während ich meine große Tasche voller Schürzen über der Schulter trug, die hinter mir hin- und herbaumelte, und ich versuchte, nicht im Weg zu sein, während ich meine Nase in alles steckte. Ich dachte nicht über den Pitch nach, der gleich anstand, oder über den Verkauf, der passieren könnte. Ich befand mich einfach in diesem Moment und lernte, was das Lincoln zu etwas so Besonderem machte.

»Hallo! Hallo! Das sieht fantastisch aus. Hey!«, begrüßte ich alle, an denen wir vorbeiliefen.

»Oha, das sieht grandios aus, darf ich mal probieren?«, fragte ich, sammelte Leckerbissen ein und futterte im Laufen.

Als wir wieder in Richtung des Büros liefen, kamen wir an der Konditorin vorbei.

»Wollen Sie einen?«, fragte sie mich lächelnd und nickte in Richtung einer Reihe wunderschöner Macarons.

»Natürlich will ich einen! Vielen Dank!!«

Ich schob mir einen Macaron in den Mund, und er löste sich in süßer Perfektion auf meiner Zunge auf. Als wir am riesigen Kühlraum vorbeiliefen, fiel mir ein Schild an der Tür auf:

»Wenn du jetzt keine Zeit hast, es richtig zu machen, wann wirst du sie haben, um es erneut zu versuchen?«

Oh wow, das ist so wahr!, dachte ich und speicherte sowohl das Zitat als auch die Idee, den Arbeitsplatz mit kleinen inspirierenden Salven zu tapezieren, in meinem Hinterkopf ab.

Sein Büro war so klein und schmal, dass der Computerbildschirm an der Wand befestigt war, weil es schlicht keinen anderen Platz dafür gegeben hätte. Aber er hatte auch die H&B-Schürze, die ich ihm bei unserem ersten Treffen gegeben hatte, aufgehangen. Ich hatte seine Welt kennengelernt, jetzt wurde es Zeit, dass ich ihm meine zeigte.

Ich ließ meine Tasche voller Schürzen auf seinen Stuhl fallen und zog sie nacheinander heraus.

»Dann schauen wir mal, was wir hier haben«, sagte ich. »Ich hab hier einiges für Sie zum Anschauen mitgebracht.«

»Super«, erwiderte er und lehnte sich nach vorn, um das Angebot zu betrachten. »Bevor Sie hier in New York zu erfolgreich werden, will ich mich wenigstens mit ein paar Schürzen eingedeckt haben.«

Während des Gesprächs zog ich ihm eine Schürze an und zeigte ihm die verschiedenen Eigenschaften wie das verstellbare Nackenband, drehte ihn im Kreis, zupfte an der Schürze herum, damit sie genau richtig fiel, und knotete sie dann am Rücken zu.

»Wir verstärken alle Taschen, alle Ecken, damit das besonders haltbar ist«, erklärte ich. »Wir wollten, dass alle Schürzen unbedingt eine Tasche auf der Brust haben. Gefällt Ihnen die Stelle? Ah, und wir haben eine Schleife hinzugefügt, nicht bei allen Schürzen, aber bei manchen. Das hier ist mein liebster Stoff. Er ist so weich und atmungsaktiv und fühlt sich einfach super an.«

Es sah so aus, als hätte er genauso viel Spaß wie ich. Er beantwortete meine Fragen, fasste den Stoff an, probierte die Taschen aus und verschaffte sich einfach ein Gefühl für das Ganze. Aber ich war noch nicht fertig. Ich zog ihm alle mitgebrachten Schürzen an, zeigte ihm die subtilen, aber wichtigen Unterschiede bei den Stoffen, zeigte ihm die Möglichkeiten auf. Und zum Schluss fand er inmitten all dieser Stile und Stoffe eine, in die er sich verliebte.

»Klasse, ich nehme gern fünf davon«, sagte er und zeigte auf seinen Favoriten. »Die ist großartig.«

Also, ja, ich hatte einen Verkauf geschafft. Und ich freute mich wie eine Schneekönigin, dass wir nun die Köche des Lincoln ausstatten würden. Aber das war nicht einmal das Wichtigste an diesem Tag, und weil ich mit ausgefahrenen Antennen, meiner ehrlich gemeinten Neugier und meinem Bedürfnis nach Verbindungen gekommen war, gewährte mir Chefkoch Benno eine große Ehre: Er zeigte mir eine Schürze, die er von seinem Mentor, dem großartigen Thomas Keller, bekommen hatte, mit dem er erst im French Laundry in Kalifornien und dann im »Per Se« in New York City, also insgesamt 20 Jahre lang, gearbeitet hatte. Als er dann ging, um seine eigene Küche zu leiten, überreichte ihm Thomas Keller eine der zwei Hilfskochschürzen, die er von Hermès hatte in der jetzt als Thomas-Keller-Blau bekannten Farbe anfertigen lassen. Es gab nur zwei Stück auf der ganzen Welt. Eine wurde bei einer Wohltätigkeitsveranstaltung versteigert, und er hatte die andere, die er mir jetzt überreichte. Die Schürze stand für die Idee, die erst von Chefkoch Keller gefördert, dann von Chefkoch Benno übernommen wurde, dass man immer hart arbeiten und niemals mit dem Lernen aufhören sollte.

»Wenn ich eines Tages mein eigenes Restaurant haben werden, hänge ich sie auf«, sagte er zu mir. »Ich möchte, dass Sie sie bis dahin für mich aufbewahren. Wenn ich es dann habe, können Sie sie mir zurückgeben, aber bis dahin fände ich es schön, wenn Sie sie hätten. Ich glaube, sie ist bei Ihnen in besseren Händen. Bewahren Sie sie einfach auf für mich.«

»Aber natürlich, vielen Dank«, erwiderte ich.

Hier stand also dieser Mensch, der wie ein Anführer, wie einer der Denker in der Restaurantwelt war – tatsächlich ähnlich einem Paten –, und mir hier seine vom Mentor geschenkte Schürze überreichte. Es fühlte sich an, als würde mir ein Ritter sein Schwert überreichen. Ich war so ergriffen und baff.

Wir wickelten die Schürze in Plaste, damit sie auf dem Weg nicht beschädigt oder dreckig wurde, und nach meiner Ankunft in LA hing ich sie über meinen Schreibtisch, zog sie immer wieder um, bis Chefkoch Benno dann sechs Jahre später tatsächlich sein eigenes Restaurant eröffnete. Ich freute mich so sehr darauf, sie ihm zurückzuschicken. Bis zu diesem Zeitpunkt musste ich immer, wenn ich die Schürze anschaute, daran denken, wie sehr dieses Objekt der Sentimentalität für Wachstum aus Zusammenarbeit, demütigen Enthusiasmus und ein kontinuierliches Bedürfnis nach weiterem Wissen und Verbesserung stand – alles Aspekte, die Teil meiner Basis waren, auf denen ich H&B aufbauen und wachsen lassen wollte.

In der Zwischenzeit hatte die Schürzenlady einen neuen Freund und H&B einen leidenschaftlichen Fürsprecher gefunden. Ich kann die Anzahl der Menschen, mit denen mich Chefkoch Benno zusammengebracht hat, nicht aufzählen, und damit meine ich nicht mal das Food-Festival, auf dem wir zusammen waren und wo es irre einfach war, sich umzudrehen und mich anderen schnell vorzustellen. Ich meine damit eher die vielen, vielen E-Mails, für die er sich trotz seines vollgepackten Tags persönlich die Zeit genommen hatte, an andere Köche wie Eli Kaimeh im Per Se, Gavin Kaysen im Daniel, David Chang im Momofuku und an die Redakteure von *Food & Wine*, wo ich Dana Cowin kennenlernte, die eine wichtige Mentorin für mich werden sollte. Und weil Chefkoch Benno so angesehen war, wurde mir jedes Mal dank seines Empfehlungsschreibens eine Audienz gewährt, und ich fand dadurch normalerweise immer ein neues Mitglied für die Truppe.

Völlig unabhängig davon, wie viele neue Menschen wir für unseren Trupp fanden, ich sah sie alle als Co-Piloten an, die uns zu einem gemeinsamen Ziel brachten: die perfekte Schürze. Ich konnte es nicht glauben! Ich baute eine Gemeinschaft auf, und jetzt vergrößerte sich diese Gemeinschaft langsam von sich aus. Ich musste nicht mehr um jede Bestellung kämpfen. Hedley & Bennett machte sich einen Namen.

Nach anderthalb Jahren hatten wir mehr als hundert verschiedene Stile, Größen und Farben zur Auswahl. Und es entwickelte sich wie ein Lawine von dort aus weiter. Martha Stewart, Jacques Pepin, die tollen Menschen bei Shake Shack, Facebook, SpaceX, Chefkoch Ludo von Petit Trois. Die Köchinnenjacke, die Kochjacke. Lederschürzen, Gärtnerschürzen, Friseurschürzen. Schürzen. Schürzen. Schürzen. Es war alles ein wunderbarer Wirbelwind aus Denim, gebürstetem Segeltuch und Taschen, Taschen, überall. Im Jahr 2014 stellten wir bereits Tausende von Schürzen pro Woche her.

● ● ●

UM DEIN EIGENES TEAM AUFZUBAUEN, musst du dich mit den Leuten dort treffen, wo sie sind. Wenn sie in Reichweite deines Netzwerks sind wie bei mir, dann lock sie an, damit sie dir ihre Zeit, Energie und Aufmerksamkeit schenken. Wenn sie woanders sind, dann finde einen Weg, damit sich eure Wege kreuzen. Gib deiner Truppe jede Gelegenheit, dich zu finden, versteck dich nicht – nicht mal aus Versehen – vor allen.

Wenn du deine Truppe zusammenstellst, willst du nicht alle von dir überzeugen, sondern nur die Stakeholder, die zu deiner Mission und Denkweise passen: Das sind deine Leute.

Die Angst, die eigene Idee mit anderen zu teilen, ist real, aber die Zustimmung von anderen zu bekommen, verbessert deine Sicht auf dein Unternehmen und dein Produkt. Das macht deine Idee, dein Konzept, Produkt oder was auch immer es ist, zu etwas Größerem als dich. Es geht dann auch um all diese anderen Meschen und die Mission, die du streuen willst. Wenn die Situation schwierig, brenzlig oder schlicht miserabel wird, wirst du dich auf diese Truppe, diese Mission und dieses Gefühl stützen können, um durch die dunkle Zeit zu kommen – das verspreche ich dir.

◀

Einige aus der ursprünglichen H&B-Truppe, etwa 2014

SONDER
SEITEN

Höre zu, höre wirklich zu.

→ ICH SCHWEBTE NUR SO ÜBER DEN BODEN auf dem Weg zu Chefkoch Vinny des Animal, eins der Toprestaurants in LA.

Ich platzte in die Küche, wie immer, dieses Mal aber, um ihm seine fünf maßangefertigten schwarzen Schürzen aus schönem italienischem Chambray-Stoff zu überreichen.

Vinny sah ehrlich gespannt aus, seine Schürze anzuprobieren. Er zog sie sich über den Kopf, schaffte es über seinen zotteligen Bart, fing an, seinen Gürtel fester zu schnallen. Zog an der Krawatte. Zog an den Bändern. Aber ich konnte es nicht leugnen: Die Schürze passte nicht wirklich. Die Bänder waren hinten zusammengeknotet, aber der Stoff sah eng und unbequem aus.

»Ich bin ein kräftiger Typ«, kommentierte Vinny gutmütig. »Ich würde nur auf Dauer gern noch mehr Platz haben, also zur Sicherheit, zum Wachsen.«

Adrenalin durchströmte meinen Körper. Es fühlte sich ein wenig so an, als würde jemand meinen Bauch zusammendrücken, zisch, und die ganze Luft war plötzlich weg.

Scheiße, ist das wirklich gerade passiert? Ich hatte eine Schürze versprochen, in der er sich fantastisch fühlen würde, und ich habe ... das Gegenteil geschafft? Ja, das ist tatsächlich passiert. So. Okay. Es gibt eine Lösung dafür. Hör einfach zu!

Das war so gar nicht das erhoffte Ergebnis, aber statt es mit Entschuldigungen schönzureden oder mich aus der Situation herauszureden, ließ ich mich auf sein Feedback ein.

»Was genau brauchst du? Erklär's mir bitte«, forderte ich ihn auf.

»Ich liebe die Schürze«, sagte er. »Ich liebe ihren Stil, aber ich hätte gern etwas, in das ich mich wickeln kann, das viel größer ist als diese hier.«

Scheiße.

»Ah, ja, ich weiß, was du meinst!«, erwiderte ich. »An was genau hast du dabei gedacht? Dann schau ich, was ich machen kann.«

»Ich hätte gern ... Bänder um die Taille, die mitwachsen«, beantwortete er meine Frage mit einem Glucksen.

»Bänder, die mitwachsen, alles klar!«

Während wir redeten, zerkaute, schmeckte, schluckte und verdaute ich seine Rückmeldung. Mir war sofort klar, dass hiermit die Kosten der Schürze steigen würden, weil jedes Band mehr Material bräuchte. Aber das war genau die Art der Detailverliebtheit, die unsere Schürzen aus der Masse herausstechen lassen würde. Noch mehr Leute würden in sie hineinpassen, was wiederum bedeuten würde, dass wir noch mehr potenziell glückliche Menschen in unserer Truppe willkommen heißen würden.

Und jetzt spulen wir mal zurück zur ersten Bestellung von Cheffe Josef und erinnern uns daran, dass ich bereits irre viele Stunden über diese verdammten Bänder am Nacken nachgedacht hatte. Und ich war mir supersicher gewesen, dass sie jetzt fast perfekt waren. Aber eben nicht die um die Taille herum. Freute ich mich darauf, wieder an den Bändern arbeiten zu dürfen? Nicht wirklich. Aber ich sah eine Möglichkeit, um mein Produkt zu verbessern – und ich wusste, ich musste sie nutzen.

Irgendwie fühlte es sich an, als gäbe es jede Woche eine neue Mauer, über die ich klettern musste. Nach den Bändern waren es die Beschläge. Dann waren die Taschen zu klein. Und dann waren sie falsch angebracht. Und bedenke dabei, dass das alles keine Informationen waren, die ich aus einer anonymen Onlineumfrage zog. Stattdessen waren es reale Köche, die ich mochte und respektierte, die mir in die Augen schauten und mir sagten, was alles an meinen Schürzen falsch war. Große Firmen schicken Unternehmensberater raus in die Welt, um die Möglichkeiten auf einem neuen Markt zu eruieren, ich jedoch ging selbst da raus und stellte Millionen von Fragen – und zwar allen, die sich mit mir treffen würden. Bis heute gehören die Animal-Schürzen zu den Produkten, auf die ich am stolzesten bin, und das mitwachsende Band ist zu dem Band geworden.

Es ist verführerisch, sich auf »gut genug« auszuruhen. Verständlicherweise. Aber denk mal darüber nach: Die meisten Menschen geben auf, wenn es schwierig wird. Wenn du also einer der wenigen Menschen bist, der weitermacht und die Rückschläge als Kraftstoff annimmt, um noch einen Schritt weiter zu gehen und es zu verbessern, dann sind deine Erfolgschancen noch so viel höher. Der Hauptgrund für meine Anstrengungen und das Mich-selbst-immer-Weiterpushen ist, dass ich weiß, dass, egal, wie schwierig es gerade wirkt und wie sehr ich aufhören will, wie verlockend es auch immer wirken mag, ich einfach weitermachen muss, damit sich dann all die Bemühungen auszahlen können. Aber wenn ich jetzt aufgeben würde, würde ich die Ziellinie schlicht nie erreichen – als würde ich den Marathon nach Kilometer 35 abbrechen. Sicher, es mag sich im Moment besser anfühlen, aber was ist mit den 35 Kilometern, für die du dich gerade umgebracht hast? Wo zahlt es sich aus, kurz vorher aufzugeben? Gar nicht.

Indem ich die kleinen Aspekte nicht ignorierte, die meine Schürzen besser machen könnten, steigerte ich sie von gut zu besser zu tatsächlich großartig – und wir überarbeiten sie nach wie vor bis heute.

Aber, und hier kommt das große Aber: Ich bin zuerst gesprungen, habe dann ausgebessert. Erst die Träume, dann die Details. Die Restaurants schienen meine anpackende, kollaborative Herangehensweise zu schätzen. Ich trug dazu bei, die Schürzen als helfendes Werkzeug zu begreifen, und zwar aus der Sicht der Köche. Außerdem, in Vinnys Fall, war ich genauso happy über die Rückmeldung wie er über das Geben selbiger. Manchmal musst du allerdings die Menschen dazu anleiten, indem du ihnen die richtigen Fragen stellst.

Feedback NICHT anzunehmen, ist KEINE Option.

➔ Du solltest dir immer Rückmeldungen suchen und sie für Verbesserungen nutzen. Um wegweisenden Input zu bekommen, musst du ihn herausfordern. Hier einige der Tricks, die mir dabei immer geholfen haben:

■ Triff dich persönlich, vor allem für schwierige Gespräche. Oder ruf wenigstens an.

■ Lass jegliche Abwehrhaltung draußen vor der Tür und höre wirklich zu.

■ Hetze das Gespräch nicht. Räume dir Zeit ein und nimm sie dir, um jeden einzelnen Punkt deines Gegenübers zu verstehen.

■ Falls es einen Grund für eine Entschuldigung gibt, weil etwas nicht wie versprochen funktioniert, dann entschuldige dich.

■ Grabe tiefer. Stelle Folgefragen. Frage nach dem Warum deines Gegenübers.

■ Manchmal ist eine Erklärung nötig, warum deren Idee nicht funktionieren würde/wie sie besser sein könnte.

■ Sei möglichst präsent. Das bedeutet, dass du genug schlafen, essen, Bewegung kriegen solltest. Ein neues Wagnis anzugehen, ist wie ein Marathonlauf, daher brauchen Körper und Geist die nötige Energie.

Sechs Fragen, um aus einem »Gut« ein »Großartig« zu machen

① Was funktioniert?

② Was funktioniert nicht?

③ Falls es ein Problem mit dem Produkt/der Dienstleistung gibt, das/die du erhalten hast, was wäre dann eine erfolgreiche Lösung für dich?

④ Wenn du dir über unsere Beziehung noch nicht sicher bist, was wäre dann ein Ausschlusskriterium für dich?

⑤ Was wäre, wenn wir das Problem nicht lösen könnten? Gibt es dann eine andere Möglichkeit, um es wiedergutzumachen?

⑥ Woran hätten wir deiner Meinung nach zudem denken müssen?

5

WEITER- MACHEN, WEITER ERSCHAFFEN

➡ Im Laufe der ersten paar Jahre von H&B hatten wir eine schlanke Arbeitsstruktur und waren alle für verschiedene Aufgaben verantwortlich.

Aber ich verbrachte viel meiner Zeit damit, das existierende Team anzubetteln – die Näher, die Vertriebler und die Gelegenheitsfertigungsleiter –, doch schneller zu arbeiten, weniger Fehler zu machen und die Feuer zu löschen. Na ja, ich wechselte zwischen bitten und schreien.

Hier sind nur einige der interessantesten Beispiele aus der Unternehmensgeschichte von H&B:

- **Das eine Mal, als die Deadline so knapp bemessen war, eine Schürze für Jamie Oliver bei seiner Wohltätigkeitsveranstaltung abzuliefern, dass ich tatsächlich jemanden per Flugzeug nach London schickte, um sie persönlich zu übergeben (nicht sonderlich kosteneffizient).**

- **Das andere Mal, als wir den Stichtag für einen pünktlichen Versand verpassten, um einige Schürzen** zur Food & Wine Classic in Aspen zu bekommen, und ich zwei Mitarbeiter hinfahren ließ (ein 14-stündiger Ausflug).

☐ Das große Pantone-Desaster, als wir aus Versehen das falsche Hellgrün beim Faden für die maßgeschneiderte Stickerei für den Topchefkoch Richard Blais benutzten, es aber erst auffiel, nachdem er sie (verständlicherweise frustriert und enttäuscht vom Ergebnis) nach dem Versand entgegengenommen hatte.

All das mag jetzt beim Lesen nicht wahnsinnig dramatisch klingen, aber in diesem Moment – als kleines Unternehmen – waren sie die desaströsesten Angriffe auf unser Selbstbewusstsein und unseren Kontostand.

Ich war noch Jahre von der Erkenntnis entfernt, welche Rolle ich in dem dysfunktionalen Kuddelmuddel namens Produktionspipeline bei H&B spielte. Ich war noch keine ausgebildete Betriebswirtin, hatte keinen MBA. Ich hatte keinen Background in der Fashionindustrie, und ich war einfach so verdammt beschäftigt. Das führte dazu, dass wir keine Produktionsabläufe definiert hatten. Es gab kein wirkliches System – an keinem Punkt der Produktionskette, sei es in dem Moment, an dem wir die Bestellungen den Nähern entgegenwarfen, zu deren Ablieferung der (oft fehlerhaften) Schürzen bis zu unserer (oft verspäteten) Auslieferung an die Kunden. Solange wir Bestellungen auslieferten – wenn auch nur knapp –, konzentrierte ich mich auf die Erleichterung und den Erfolg am Ende des Tages, nicht auf die 6 dutzend Herzinfarkte, die sich in den letzten 24 Stunden ereignet hatten.

Einen der größten davon hatte ich im Januar 2013.

Dezember 2012, ein Monat vor der Volt-Deadline

Es begann alles damit, dass ich einen Essensansturm mit den anderen aus dem Providence für ein spezielles Event von Michael Voltaggios Restaurant, dem Ink, vorbereitete. Sein Bruder Bryan steckte mir währenddessen einen Zettel in die Tasche, auf dem stand: Ich brauche 100 Schürzen.

Heiliger Bimbam. Das wäre eine unserer bisher größten Bestellungen. Aber nicht nur das, denn die Schürzen wurden zur großen Eröffnungsfeier von Bryans neuem riesigen Ding in DC, dem Volt, benötigt – in gerade einmal ein paar Wochen. Du lieber Himmel! Aber ich konnte auf keinen Fall eine so große Bestellung für einen so wichtigen Akteur der Gastroszene absagen, also machte ich mich daran, dass wir den Auftrag erfüllen könnten.

Ich zögerte keinen Moment, um mein Inventar zu überprüfen, mit meinen Nähern zu sprechen oder mich kurz zu fragen, ob das tatsächlich schaffbar war. Natürlich schüttelt die Ellen aus der Zukunft den Kopf über diese jüngere Version ihrer selbst und denkt sich: *Oh Mann!* Aber wenn man gerade erst anfängt, ist einem eben noch nicht bewusst, was man alles noch nicht weiß.

Wir mussten das schaffen, auch wenn es uns umbringen würde!

Also schrieb ich ein großes X in meinen Kalender, das signalisierte: *Das ist der Tag, an dem die Bestellung draußen sein muss, Punkt.* Aber natürlich gab es keinen Kontrolltermin zwischendurch, um zu schauen, ob wir auf dem richtigen Weg waren für den Liefertermin. Ich hielt nie inne, um mal auszurechnen: Wenn also ein Näher X Stunden für eine Schürze braucht und ich 100 Schürzen in 21 Tagen brauche, dann …

In meiner Ideenwelt, die vom magischen Realismus beherrscht wurde, gab es schlicht nur die Möglichkeit, dass wir erfolgreich sein würden.

Vier Sachen, die in meinem Unternehmen abliefen (von denen mir nicht alle bewusst waren).

(1) Fehler waren die Norm, wie Schürzen in der falschen Farbe oder mit der falschen Stickerei. Die Leute waren ungeschult und wurden nicht gut angeführt, wenn diese Fehler also passierten, wurde darüber nicht gesprochen

---

(2) Die Kundenbeschwerden vielen oft hintenüber, bis diese richtig wütend waren.

---

(3) Deadlines wurden nicht eingehalten, was zu teuren Über-Nacht-Lieferungen (jeweils 200 bis 500 Dollar) für große Bestellungen führte.

---

(4) Die unterschiedlichen Abteilungen schoben sich gegenseitig die Schuld in die Schuhe für manche oder alle Fehler.

Und dann brach der Wahnsinn über uns herein.

»Wie läufts mit den Schürzen?«, hakte ich nach. »Sind sie fast fertig?«

»Ah, tut mir leid, Ellen, aber mein Bruder wurde gestern mit einem Messer angegriffen und ich musste ins Krankenhaus«, antwortete mein Näher. »Ich mache sie diese Woche fertig. Versprochen.«

Äh, was?!

»Wie bitte? Geht's ihm gut? Geht's dir gut? Was meinst du mit ›angegriffen‹? Krass! Aber ich brauche die wirklich dringend. Was machen wir denn jetzt? Die Bestellung muss am FREITAG raus.«

»Ja, ja, bis dahin hast du sie.«

Das hatten sie GESTERN schon gesagt, aber okay. Ich hatte heute drei Termine an verschiedenen Orten der Stadt und zwei weitere Bestellungen, die rausmussten, und musste mich auch noch um eine Millionen anderer Kleinigkeiten kümmern, und meine reguläre Schicht ab 15 Uhr drüben im Providence arbeiten. (Auch nach einem Jahr mit Hedley & Bennett und drei Mitarbeitern im Büro behielt ich diesen Job als Köchin.) Ich flitzte also zurück ins Büro, um alles anzugehen. Und das hielt mich bis zum Morgen unserer Versand-Deadline auf Trab. Ich rannte die Treppe runter zu unseren Nähern, aber die Bestellung war noch immer nicht fertig.

Meine bereits merkliche Panik stieg noch weiter an, als ich das Chaos an ihren Plätzen sah – eine Stofflawine war aus tatsächlich jeder Ecke des kleinen Raums explodiert: meine Schürzen, Sachen für andere Kunden, billige importierte Ware, die sie massenweise verkauften. Es konnte einem fast einen Asthmaanfall geben: ein halb leeres Pack Cheetos auf einer halb fertigen Schürze; der biologisch gefährliche orangefarbene Käsestaub Millimeter davon entfernt, sich zu verselbstständigen und einen eigenen surrealen Akzent zu setzen. Take-out-Boxen, andere Snacks und halb leere Getränkedosen standen überall in der Gegend herum.

WEITERMACHEN, WEITER ERSCHAFFEN

Ich hakte und hakte nach, und rief dann mit deutlicher Angst und Schmerzen in der Stimme: »Wir können nicht zu spät liefern!« Ich gab einen Schrei von mir. Und strahlte jedes mögliche My an Energie und Notwendigkeit aus, dass diese Schürzen fertig werden mussten. Es machte keinen Spaß, weder mir noch den Nähern, aber hatte auch schon zuvor funktioniert. Doch dieses Mal war das nicht der Fall. Die Schürzen waren einfach noch nicht fertig. Aber das war okay, weil wir sie immer noch per FedEx über Nacht am nächsten Tag verschicken konnten.

Da jede einzelne Bestellung damals eine Maßanfertigung war, fanden Fehler ziemlich einfach ihren Weg in die Bestellungen. Immer wieder gab es extreme Notfälle, weil wir plötzlich nicht genügend Stoff, D-Ringe oder andere wichtige Teile hatten. Wir hatten keinen regulären Zulieferer für irgendetwas, ich sammelte also bestmöglich unsere Materialien bei verschiedenen Läden und Zulieferern zusammen, meist im Notfallmodus.

● ● ●

BEI SONNENAUFGANG waren sie immer noch nicht fertig, und jetzt war die Eröffnung MORGEN Abend. Aber immerhin könnte sie immer noch mit Über-Nacht-Lieferung am Abend verschicken, koste es, was es wolle. Ich zählte praktisch fast jeden Stich, der an diesem langen, quälenden Nachmittag von den Nähmaschinen gemacht wurde, aber nein, wir hielten den Termin nicht ein. Als wir endlich unsere glühenden Pfoten auf den Stapel der fertigen Schürzen legen konnten, war es zu spät, um sie noch bei dem FedEx-Laden um die Ecke abzugeben. Was mich – völlig schürzenverrückt, hektisch, panisch – dazu führte, mit meiner besten Vertrieblerin und Co-Pilotin

Die wichtigsten Grundelemente

➤ Nach dem ersten Jahr, als ich meinen Vollzeitjob im Providence kündigte, verkauften wir Hüftschürzen ab 38 Dollar im Einzelhandel und boten allen in der Restaurant-, Hotel-, Kaffee-, Bewirtungsbranche einen Rabatt an. Wir bauten also unbewusst sowohl ein D2C- als auch ein B2B-Business gleichzeitig auf. Jeder Verkaufsweg hatte unterschiedliche Preise. Und unsere Zahlen waren ungefähr:

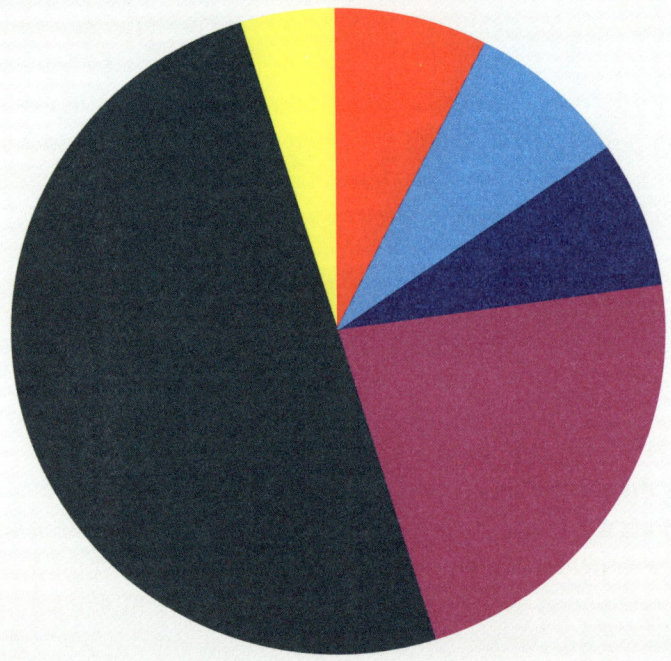

■ Herstellungskosten (Material, Produktion)

■ Vertrieb (Reise, Marketing, Abonnements)

■ Gehälter

■ Gewinn

■ Tatsächliche Herstellung (Miete, Transport, Materialien, Wartung)

■ Unternehmenskosten (Bankgebühren, Versicherung, Büro, Anwälte, Buchhaltung)

Marissa auf dem Beifahrersitz zum Flughafen LAX zu düsen. Wir
wären direkt auf die Landebahn gefahren und hätten die Schürzen
per Hand persönlich in das FedEx-Flugzeug geliefert – und das war
tatsächlich unser Plan. Natürlich hielt uns in der Realität Maschendrahtzaun mit Stacheldraht auf.

»Kann ich Ihnen helfen?«, fragte uns der Wachmann außerhalb
der Rollbahn.

»Ja, bitte! Wir versuchen, zu dem FedEx-Flugzeug da zu kommen.«

Ich muss wohl nicht erklären, wie gern der Wachmann uns darauf hinwies, dass dieses Unterfangen illusorisch war und dass wir
niemals mit unserem Mini Cooper auf die Landebahn fahren würden.
Stattdessen könnten wir gern unser Paket an einem FedEx-Laden abgeben, wie es normale, vernünftige Menschen taten.

Die Schürzen würden nicht rechtzeitig ankommen. Der Schmerz
zerriss mich fast, und es war ein Weckruf. All die anderen Male, wo wir
die Deadline verpasst hatten, hatten wir einen wilden Weg gefunden,
um irgendwie drum herum zu arbeiten und doch noch die Kuh vom
Eis zu holen. Dieses Mal nicht. Es war unmöglich, die Schürzen über
Nacht nach DC zu fahren. Wir hatten versagt.

Ich stand vor dem Maschendrahtzaun, entgeistert. Niederge-
schmettert.

Mein Tatendrang und meine Entschlossenheit waren immer
genug gewesen, aber zum ersten Mal, hier im Dunkeln mit einer
Heckklappe voller Schürzen, hatte ich versagt.

Ich hatte wirklich, zweifelslos, unbestreitbar versagt. Und es tat
höllisch weh. Ich war irgendwie immer davon ausgegangen, dass die
Welt mich einfach mögen würde, alles würde toll und rosig sein – bis
ans Ende aller Tage. Aber nein, heute nicht. Wie wir alle wissen, tut
es unfassbar weh, wenn man seine Unschuld verliert, aber ich hatte
keine Zeit, innezuhalten und meine Wunden zu lecken. Der nächste
Tag stand schon in den Startlöchern, mit den anderen Bestellun-

gen, die unbedingt SOFORT verschickt werden mussten. Außerdem musste ich E-Mails zu den Bestellungen, die in Bearbeitung waren, beantworten, und musste die Chefköche über mögliche zukünftige Bestellungen zurückrufen. Das i-Tüpfelchen waren dann noch das Trommelfeuer meiner Helfer, die Fragen an und Updates für mich hatten. Aber jetzt musste ich mich erst einmal um diesen Schlamassel kümmern.

Zum Glück war ich noch genug bei Sinnen, um all dieses Rauschen auszublenden und meine Aufmerksamkeit auf die Erleuchtung zu lenken, die vom Verlust meiner unternehmerischen Unschuld angestachelt worden war: *Unternehmensgründungen sind nichts für Weicheier.* Bis zu diesem Zeitpunkt hatte es zwar lange Nächte und stressige Last-Minute-Rettungsaktionen gegeben, aber im Großen und Ganzen hatte sich doch alles immer zum Guten gewendet, bezüglich der Gastfreundschaft der Köche, der Designinspirationen und der langsam aufkommenden Begeisterung der Fachpresse: lustige Artikel in *Fast Company*, der *LA Times, Food & Wine* über diese putzige kleine Köchin mit ihrem neuen Schürzenunternehmen der etwas anderen Art. Ich hatte gedacht, dass es das nun war, wenn man ein Unternehmen hatte. Aber es stellte sich einzig als Glasur auf der Zimtschnecke heraus, die tatsächlich eigentlich hieß: ==ein Unternehmen auf die Beine zu stellen, hieß, zu seinen Fehlern zu stehen.==

Mit eingezogenem Schwanz rief ich also Bryans Assistentin an, um ihr die schlechten Nachrichten zu übermitteln. Es gab niemanden, der das sonst hätte erledigen können, und selbst wenn es jemanden gegeben hätte: Ich hätte den Anruf dennoch selbst getätigt. Es ist wichtig, persönlich dabei zu sein, wenn du jemanden enttäuschen musst. Ich würde meine verdiente Strafe selbst aussitzen und mir überlegen, was ich zur Rettung der Situation tun konnte. Meine Handflächen waren verschwitzt und mein Herz wollte mir aus der Brust springen, also holte ich ein paarmal tief Luft, bevor ich sie anrief.

»Hey, wie geht's dir?«, fragte ich mit sanfter Stimme. »Ich wollte kurz berichten, was hier passiert ist. Wir haben den Versandtermin nicht geschafft. Das tut mir wahnsinnig leid. Die Schürzen sind fertig hier, aber sie liegen nicht im Flugzeug. Wir haben es wirklich versucht, sie noch rechtzeitig hinzubringen. Wirklich. Wir haben aber leider das Abholfenster nicht geschafft. Wir haben unser Bestes gegeben, aber wir haben sie einfach nicht rechtzeitig dort hinbekommen. Wir schicken sie euch morgen per Über-Nacht-Lieferung zu. Und noch mal: Es tut mir wirklich unendlich leid.«

Stille in der Leitung. Ich konnte erahnen, dass sie das Ganze gerade verdaute und sich der Tatsache bewusst wurde, dass sie das gleich ihrem Chef beibringen musste.

»Es tut mir wirklich richtig leid«, fügte ich erneut hinzu.

»Danke für die Info«, erwiderte sie. »Ich spreche mit meinem Chef. Das ist, gelinde gesagt, wirklich enttäuschend. Ich weiß, dass nicht alles in deiner Macht steht, aber wir hatten klar dieses Datum vereinbart.«

Sie sprach nicht mit rasendem Zorn in der Stimme, aber ich konnte ihn dennoch spüren.

Letztlich haben wir ihnen für die Bestellung keinen Cent berechnet – keinen einzigen für die Lieferung von 100 Schürzen über Nacht quer durchs Land (natürlich) und keinen einzigen für die Schürzen an sich. Ja, die Leutchen bei Volt haben es überlebt. Und ja, wir haben es überlebt (im Gegensatz zu unserem Monatsbudget). Aber dieses Erlebnis war ein massiver Schlag ins Gesicht.

Das war der Anfang einer langsamen, sich letztlich (peinlicherweise) über Jahre hinweg entwickelnden Realisierung, die mir nahebrachte, dass Prozesse dafür da sind, Kreativität zu gewähren und zu unterstützen, statt sie zu unterbinden. Irgendwann muss man den Überlebensmodus hinter sich lassen, um sich entwickeln zu können. Das ist die brutale Wahrheit bezüglich des Lebens als Gründer oder Gründerin. Ja, spring. Ja, renne. Ja, steh auf, wenn du auf den Boden geschmissen wurdest, und versuche es erneut. Ja, mache all das in der Dauerschleife, wahrscheinlich mehrere Jahre lang, auch wenn es unmöglich erscheint und alles so wirkt, als solltest du eigentlich alles hinwerfen, weil es einfach viel zu anstrengend ist ... Nimm einen tiefen Atemzug, und mach dann weiter. So baust du dir ein Unternehmen – oder irgendetwas – auf, sagt zumindest meine Erfahrung.

Aber sobald die Grundstruktur steht, sich von allein fortbewegt, wächst, musst du unbedingt innehalten, bewerten und deine Methoden überdenken. Das einzige Problem dabei wird sein, dass dein Unternehmen nicht lang genug innehält (solltest du zumindest hoffen!), damit du das in Ruhe machen kannst. Du musst also Aspekte anpassen und die Gänge wechseln, während der Zug mit voller Fahrt vorausfährt.

Wie viele andere Gründer vor mir folgte ich diesbezüglich einer verdammt harten Lernkurve. Es dauerte viele Jahre, während denen wir einige implementierte Systeme ausprobierten, die jeweils zu ihrem Zeitpunkt die beste Lösung darstellten, um letztlich ein größeres, besseres System gegen diesen Wahnsinn einzuführen. Und es ist immer noch in Arbeit – dank unseres kontinuierlichen Wachstums und der Weiterentwicklung dürften neue Systeme auch in Zukunft noch vonnöten sein, um weitermachen zu können. Es gibt nicht nur ein System, das uns immer wieder den Hintern rettet. Aber JA, wenn es dann läuft, fühlt es sich fantastisch an! Als wir uns das erste Mal einer Herausforderung gegenübersahen und ihr mit Gelassenheit statt mit Chaos begegneten, musste ich weinen. Aber dazu später mehr.

Jetzt an dieser Stelle möchte ich einfach betonen: Wenn du das nächste Mal einem Problem begegnest, das deiner Meinung nach eins mit Menschen ist oder auf deinem Mist gewachsen ist, dann halte kurz inne. Es könnte ein Problem mit deinem Prozess sein, also pack die Sherlock-Holmes-Mütze aus und mach dich auf die Suche. Aber sei gleichzeitig nicht zu streng mit dir selbst, falls du die Antwort – oder gar alle Antworten – nicht sofort findest. Ich kann dir hier ein paar

Empfehlungen geben, die auf meinen hart errungenen Erfahrungen basieren, aber genau diese haben mir eben auch gezeigt, dass dieser Prozess niemals einfach fertig gestrickt und wunderhübsch auf deinem Tisch liegen wird. Er ist unverarbeitet und chaotisch, und du wirst rennen, während du ihn etablierst. An dieser Stelle ist es vielleicht hilfreich, dich daran zu erinnern, dass jeder getane Handschlag ein Schritt nach vorn ist und gleichzeitig auch ein wichtiger Einblick, was deine Entscheidungsfindung und deine Herangehensweise nur noch so viel besser machen wird. Du kannst nur immer wieder dazulernen, anpassen und wachsen – meine liebste Methode.

Hier sind einige Fragen und Aktionen, an die ich damals hätte denken sollen:

- ☐ **Pausieren, wenigstens einen kleinen Moment, und beobachten.**
- ☐ **Wie sieht Erfolg letztlich aus?**
- ☐ **Wurden diese Erwartungen deutlich kommuniziert?**
- ☐ **Wie lautet der erste Prozessschritt?**
- ☐ **Mit welchen Schritten waren wir in der Vergangenheit erfolgreich?**
- ☐ **Welche Menschen sind besonders wichtig für den Prozess?**
- ☐ **Beschäftigen sich die richtigen Menschen mit den richtigen Aufgaben?**
- ☐ **Lernen wir aus unterlaufenen Fehlern oder wiederholen wir uns stetig immer wieder, in der Hoffnung, dass das Resultat ein anderes werde?**
- ☐ **Gibt es sich wiederholende Koordinierungsprobleme?**
- ☐ **Haben wir die nötigen Werkzeuge?**

Vorher:
Alle mussten bei
der Renovierung
unseres
Hauptquartiers
mit anpacken,
circa 2015.

Ob du nun ein Team leitest oder ein Buch veröffentlichen willst, du musst in beiden Fällen den jeweiligen Prozess betrachten. Schreib akribisch auf, was du machst. Konzentriere dich auf die wiederkehrenden Problemchen. Entwirf dann ein besseres System, das diese unproduktiven Angewohnheiten umschifft.

Das habe ich irgendwann gelernt, aber selbst damals, im ersten Jahr, nahm ich mir etwas vor:

Die Shitstorms sind Teil des Abenteuers, und, um zu wachsen und besser zu werden, muss das für mich in Ordnung sein. Ich muss mir den Arsch aufreißen, während da draußen aberwitzige Artikel erscheinen, die H&B als problemfreies Schlaraffenland darstellen. Ich muss mit der Schlucht zwischen diesen zwei Realitäten klarkommen. ==Auch muss ich damit klarkommen, dass ich immer, IMMER zu meinen Fehlern stehen und mich nach vorn bewegen muss.== Manchmal würde ich diejenige sein, die die Fehler machte, manchmal würden andere sie machen – es gibt keinen Unterschied zwischen beidem. Ich musste zu allem stehen, aufkreuzen und es korrigieren – innerlich und äußerlich, ob mir das nun gefiel oder nicht.

Jetzt hatte ich ein Mantra: *Mach immer weiter. Lauf immer nach vorn.*

▲ **Danach: Unser Ausstellungsraum, aus einem Artikel im *Fast Company***

SONDER
SEITEN

Konzentriere dich auf das, was du hast, nicht auf das, was du nicht hast.

(Wie du findig ohne Ende sein kannst)

➤ NEHMEN WIR UNS KURZ EINEN MOMENT, um über den nicht allzu kleinen Elefanten im Raum zu sprechen. Es mag fantastisch klingen, erst zu träumen und dann über die Details nachzudenken – was inzwischen vielleicht sogar machbar klingt –, aber wie macht man es eigentlich tatsächlich wahr? Vor allem ohne Geld? Die gute Nachricht lautet, dass es, meistens, zu einem frischeren, einem besseren Ergebnis führt, wenn man mit einem festen Budget arbeiten muss.

Als ich in Mexiko lebte, später dann H&B führte und somit das Risiko noch höher war, habe ich immer versucht, über meinen Tellerrand hinauszuschauen und andere Lösungsansätze für mein Problem zu finden, ohne dass es mich erschlug. Also musste ich gleich von Anfang an ein wenig kreativer sein, statt einfach online nach einer Hilfe zu suchen und zu buchen oder eine Agentur für meine Recherche oder meine Arbeit zu engagieren.

Hedley & Bennett wurde als selbstfinanziertes Unternehmen gegründet. Ich hab es in einem Haus angefangen, mit ein paar Mitbewohnern, die jeweils in ihrem eigenen Abenteuer unterwegs waren. Mit meinen gesparten 500 Dollar und drei Jobs als Köchin verdiente ich genug, um nicht von meinen ersten Gewinnen leben zu müssen, die mein Unternehmen erwirtschaftet hatte. Außerdem nahm ich mir den Rat zu Herzen, nie mehr Geld auszugeben, als ich verdiente, also nahm ich auf keinen Fall einen Kredit auf und investierte jeden einzelnen Cent wieder in mein Unternehmen. Meine letzte Anstellung behielt ich das erste Jahr lang, während ich das Unternehmen aufbaute und mich dann traute, diesen letzten Sprung zu wagen. Ich musste unter der Woche wahnsinnig viele und am Wochenende noch mehr Stunden arbeiten, und statt mir jemanden zu suchen, der »es«, was auch immer das sein würde, für mich erledigen würde, recherchierte ich alles selber, las darüber, befragte Freunde und machte es dann selbst.

Eine neue Unternehmung zu starten, ist schwierig – sowohl auf finanzieller als auch persönlicher Ebene. Diese Realität lässt sich nicht leugnen. Allerdings kann man seine Dollar auf kreative Weise ein wenig ausdehnen, damit sie einen zentimeterweise näher an den eigenen Traum bringen. Diese Tricks sind die Ellen-Bennett-Methode, und sie gaben mir am Anfang die nötige Luft zum Atmen. Sie stellten sicher, dass ich ein wenig zusätzliches Geld auf dem Sparkonto hatte, wenn ich es wirklich brauchte.

Tausche (nutze das, was du hast, um das zu bekommen, was du brauchst).

Die Leute sind immer wieder überrascht, wenn ich ihnen erzähle, was ich alles schon über die Jahre getauscht habe. Ich sehe ihre Gehirne förmlich dampfen bei dem Gedanken: *Das geht?!* Aber klar geht das! Es geht einfach nur darum, dass du dir ganz ehrlich im Klaren darüber bist, was du im Angebot hast. Und dich dann traust, jemanden zu fragen, es im gleichen Wert gegen ihr Angebot zu tauschen. Manchmal geben sie dir nicht einmal etwas – wie einen Rat –, für das du sie sonst auf jeden Fall bezahlen würdest. Aber fühlt es sich nicht besser an, wenn du ihnen zeigen kannst, dass du ihre Zeit, Expertise und Hilfe wertschätzt, indem du ihnen etwas im Gegenzug gibst?

Zum Beispiel mein Mentor Shane: Er ist CEO dieses riesigen börsennotierten Unternehmens für Autoteile, was eventuell nach einer völlig anderen Welt klingt als Schürzen (was stimmt). Ich traf ihn vor mehreren Jahren dank einiger befreundeter CEOs. Das war, nachdem wir unser neues Hauptquartier bezogen hatten, also lud ich ihn zu einer Besichtigung ein. Währenddessen fiel mir sofort auf, dass er gut in allen möglichen Sachen war, die mir nicht so leichtfielen – wie eben die megadetaillierte Finanzwelt! Ich schluckte meinen Stolz herunter und gab ihm einen Einblick in meine etwas chaotische Buchhaltung. Ich wusste einfach nur, dass alles rechtzeitig bezahlt wurde, wir keine Schulden hatten und wir nicht mehr Geld ausgaben, als wir einnahmen – der Rest war eher unscharf. Er war nett, geduldig und hilfreich.

Es war mein Ziel, genug Zeit mit ihm zu verbringen, um von seinen Einsichten in Unternehmen zu lernen. Statt einfach nur zu fragen und zu nehmen, bot ich ihm etwas an, bei dem ich wusste, dass ich es konnte: kochen. Aber nicht nur das, denn ich wusste, dass seine Familie über alles liebte, also bot ich ihm an, zu ihm nach Hause zu kommen und seinen Kindern das Kochen beizubringen. Seine Frau und er liebten diesen Vorschlag. Es hat unfassbar viel Spaß gemacht. Nicht nur hab ich ihn und seine Familie näher kennengelernt, als ich es je bei einem Meeting in einem Konferenzraum getan hätte, sondern ich sah auch, wie er wirklich war – was ihm wiederum half, mich besser zu beraten. Seine konkreten Tipps halfen mir, effektivere Systeme für H&B zu etablieren, einen CFO in Teilzeit zu engagieren und mir somit Zehntausende Dollar und ebenso viele Kopfschmerzattacken zu ersparen.

Sachen, die ich für meine Fähigkeiten und meine Güter eingetauscht habe.

- ☑ Das Muster, das Hedley & Bennett ins Leben rief
- ☑ Die Finanztipps, die die Richtung von H&B änderten
- ☑ Der fantastische La-Colombe-Kaffee, den wir Besuchern anbieten

Wenn dein Geld knapp ist, dann denk darüber nach, welche anderen Güter und Fähigkeiten du hast, die andere Menschen wollen könnten. Es gibt mehr als nur eine Währung aus Papier! Meine war meine Fähigkeit zu kochen. Mit einem breiten Lächeln bot ich meine Kochkünste im Gegenzug zu Nähvorlagen und finanziellen Tipps an.

Und als ich dann Tonnen an Platz in meinem riesig großen H&B-Hauptquartier übrig hatte, tauschte ich eine ungenutzte Ecke gegen den herausragenden Kaffee der Firma La Colombe ein, damit sie ihre erste Außenstelle in LA etablieren konnten. Sie erhielten somit für ihr LA-Personal einen Platz, an dem gearbeitet und neue Baristas ausgebildet werden konnten. Und meine Belegschaft und unsere Besucher auf dem Gelände erhielten Gratiskaffee. Diese Beziehung könnte ich wohl tatsächlich akkurater als emotionalen Tausch bezeichnen – weil wir uns letztlich so gegenseitig füreinander verbürgten. Wir zeigten den Menschen in der Gastroszene, dass wir genug aneinander glaubten, um uns zu verbünden, wenn auch nur im Kleinen. Zudem gewannen wir dank des jeweils anderen Unternehmens an Reichweite und weiteren Teammitgliedern. Nachdem ich mich mit Jeni von Jeni's Splendid Ice Cream angefreundet hatte, machten wir den gleichen Deal – was ihr Eis (und ihre Umarmungen) zu einem zusätzlichen Gratisschmankerl während eines Ausflugs zum H&B-Hauptquartier machte. Menschen lieben Überraschungen, und es fühlt sich fantastisch an, Banden zu bilden und anderen, die den gleichen Kampf wie man selbst ausfechten, die eigenen Plattformen anzubieten – und an manchen harten Tagen sind solche kleinen moralischen Booster echt ein Lebensretter (wie Kaffee und Eis!).

Befolge Ratschläge
(und du wirst noch mehr Hilfe bekommen).

Ah, und noch ein weiterer Punkt: Immer wenn Shane mir einen guten Rat gab – zu einem Artikel oder einem Buch, für eine Veränderung bei H&B –, dann bin ich dem IMMER gefolgt, und zwar schnellstmöglich. Und dann habe ich ihm davon später erzählt, wie es gelaufen ist, um dann zu erfahren, was ich als Nächstes tun sollte, um auf diesem Wissen aufzubauen oder mich weiterzuentwickeln. So zeigte ich ihm, dass ich seine Ratschläge ernst nahm. Und damit erreichte ich, dass er wiederum mich und mein Unternehmen ernst nahm, was zu weiteren Ratschlägen führte. Die Leute, vor allem die erfolgreichen unter ihnen, sind beschäftigt und wenn sie großzügig genug sind, ihre Zeit und ihr Wissen mit dir zu teilen, dann gibt es nichts Respektloseres, als es in einer inneren Schublade abzulegen und nie wieder darüber nachzudenken. Außerdem sind Unternehmen und Beziehungen dynamischer Natur, und sie wachsen und werden besser, je mehr Aufmerksamkeit man ihnen schenkt. Natürlich solltest du niemanden belästigen – analysiere die Interaktionen, um herauszufinden, wie schnell du nachfassen solltest und wie viele spezifische Informationen du brauchst.

Nutze das, was dir Menschen anbieten, möglichst gut, und dann werden sie dir gern weiterhelfen.

TRICK NR. 3

Hab keine Angst, zu fragen.

Ohne dich damit so weichzuklopfen wie ein Schnitzel, möchte ich an dieser Stelle noch einmal an eine Sache erinnern: Wenn du etwas willst, geh raus und frag verdammt noch mal danach. (Ich weiß, ich weiß, ich war jahrelang das Mädchen, das Angst vor der Antwort »Nein« hatte. Aber ich war auch das Mädchen, das dieses Problem umschiffen konnte, indem es immer etwas im Gegenzug für seine Frage anbot, was ihm den Mut gab, es zu machen.) Finde einen Weg, um dich selbst aus deiner Komfortzone raus zu schubsen. Geh die Schritte an, um etwas in deinem Leben zu bewirken. Das könnte vielleicht etwas Geduld erfordern und einige ernsthafte Nachfragen, aber es könnte letztlich zu etwas Großartigem führen. Selbst wenn also die Person, mit der du zusammenarbeiten möchtest, dich heute nicht braucht, kreuze immer wieder auf. Bring deinen Wert ein, und vielleicht bekommst du dann die Gelegenheit, ein Teil von etwas Besonderem zu sein. Ich habe das Gefühl, dass wir manchmal zu schnell darin sind, etwas zu verlangen und zu erwarten, bevor wir unseren Wert bewiesen haben. Recherchiere also ordentlich, ob die Person es wirklich wert ist, dass du dich mit ihr zusammen in Stellung bringst. Nimm dir Zeit. Und riskiere es dann. Biete der Person, die du respektierst und bewunderst und die ein wenig weiter ist als du, etwas von dir an. Es könnte sich auszahlen.

TRICK NR. 4

Mach es selbst.

Ich mache Sachen gern selbst, sowohl aus Notwendigkeit als auch wegen eines inneren, kreativen Drangs, die Welt zu verändern. Als ich klein war, dekorierte ich einmal unsere komplette Wohnung um. Ich ging zum Baumarkt, holte die nötigen Materialien und ging an die Arbeit, jeden Raum zu streichen. Es war schon immer ein Teil meiner Persönlichkeit, einfallsreiche Wege für Schönes zu finden, und diese geldsparende DIY-Attitüde wandte ich auch in den ersten Tagen von Hedley & Bennett im Hauptquartier an.

Bevor unser Hauptquartier aber selbiges wurde, war es ein wenig eindrucksvolles Lagerhaus, in dem ich jedoch ein Potenzial erkennen konnte. Ich sah farbige Wände. Eine große Gemeinschaftsküche. Einen lebhaften, wunderschönen Raum, der richtig gut geeignet war, um UMWERFENDE Schürzen zu entwerfen. Was ich aber wirklich wollte, war, einen Raum für die Gemeinschaft zu entwickeln, in dem wir unsere Events veranstalten konnten. Aber natürlich hieß es für mich nur eins, wenn ich Menschen versammeln wollte: Ich brauchte ein Monstrum einer Küche. Wie immer hatten wir eigentlich fast kein Geld, also schmissen wir alles Mögliche von IKEA zusammen. Wir vitamixten die Dinge – ein Wort, das wir noch in unserem alten Büro dafür neu erfunden hatten, wenn man etwas wollte und sich dann aus dem Nichts eine Situation ergibt, die einem dabei hilft, es auch zu bekommen; ich hatte einen Vitamix gewollt und kurz darauf bot mir eine Fernsehsendung an, mir ihre Küchenutensilien zu geben, wenn ich ihnen dafür die gewollten Schürzen herstellen würde. Und darunter befand sich auch ein Vitamix. Tada! Vitamix. Dieser Herangehensweise verdankten wir eine Menge Geräte. Unsere Küche war am Anfang wirklich leer, aber es war sofort ein Mittelpunkt für Essen und Spaß – und wir nutzten jeden Millimeter aus. Wir fanden kreative Wege, um aus unseren hart erarbeiteten Ressourcen farbenfrohe, wunderschöne Produkte und Räume zu erschaffen. Im Gegenzug brachten uns diese Produkte und Räume noch mehr Geld ein.

Auch wenn du bis dato ein wenig zu schüchtern warst, um deine Ärmel nach oben zu rollen, dein Ziel zu erreichen, etwas auszuprobieren, ist es einfach nie zu spät, um damit anzufangen. Die DIY-Methode kann immer noch funktionieren. Gehst du normalerweise auswärts essen? Entdecke deine Liebe zum Kochen. Willst du die nicht geschäftlichen Ausgaben reduzieren? Dann bring dir selbst das Programmieren bei, statt jemanden dafür zu bezahlen, dir eine Website zu erstellen. Sachen selbst in die Hand zu nehmen, hängt von deinen Zielen, Stärken und dem ab, was für deinen Traum am sinnvollsten ist. Dir stehen mehr Ressourcen zur Verfügung, als du denkst, und du musst nicht immer andere Menschen für etwas bezahlen, das du selbst zum Leben erwecken kannst. Außerdem: Je mehr deine Unternehmung wächst, desto mehr kannst du anbieten. Sobald wir unser Hauptquartier aufgehübscht hatten, konnten wir Raum darin mit anderen Unternehmen tauschen, die dort gern Events abhalten wollten – dafür bekamen wir Videos, die wir auf unseren Social-Media-Kanälen nutzen konnten, und eine Menge Wohlwollen und ein großes Netzwerk.

vi-ta-mi-xen / *Verb* /
wenn das Leben einem eine Chance gibt, etwas, das
man wirklich will, vielleicht auch zu bekommen – in
diesem Fall: einen Vitamix –, aber nur, wenn man
diese Gelegenheit auch erkennt und nutzt. Satz: Ich
vitamixte mir einen Vitamix. Ich wollte einen Vitamix,
die Produzenten einer Fernsehsendung riefen an, weil
sie Schürzen wollten. Sie hatten kein Geld, aber dafür
Küchengeräte, also tauschten wir Schürzen gegen
einen Vitamix und ein paar andere Teile, die wir für
unsere Küche brauchten.

Sparen, sparen, sparen ...

Ich würde gern behaupten können, ich hätte eine Erleuchtung gehabt, als unser Hauptquartier, unsere Zufluchtsstätte in Gefahr war – Hallo, Kündigung, aber dazu kommen wir später noch –, um angeflogen zu kommen und uns zu retten. Aber stattdessen war es tatsächlich eine Situation, in der sich die klugen Entscheidungen der Anfangszeit auszahlten. Ich war schon immer sehr sparsam mit unserem Sparschwein gewesen, und wir erhielten kontinuierlich Aufträge von unseren treuen Restaurantkunden. Ich hatte es wahrlich zu einem dieser Seltenheiten im Start-up-Land gebracht: einem Notgroschen. Ich arbeitete mit unseren Finanzmenschen und machte einen Plan. Ich würde die Differenz überbrücken, um im Gebäude bleiben zu können, und ein paar Ecken in der Lagerhalle kurzfristig an andere Unternehmer untervermieten. Aber wir mussten dafür auch jede einzelne Bestellung in der nahen Zukunft erledigt bekommen.

> ## »Niemals mehr ausgeben, als man einnimmt.«
>
> **Der Rat meines Onkels Ted geht mir seit der Anfangszeit von H&B immer wieder durch den Kopf. Ich habe dank meiner alleinerziehenden Mutter und unseren eingeschränkten Mitteln bereits in jungen Jahren gelernt, wie man mit Geld umgeht – sowohl aus Notwendigkeit als auch Neugier. Die hier erteilten Ratschläge wurden von Generationen finanziell versierter Bennetts hart erkämpft.**

Finde einen Weg, damit es funktioniert.
Sei die Lösung.

Der beste Weg ist nicht immer der teuerste. Als ich auf ein 10 000 Dollar teures Studium einer Kochschule in Mexiko-Stadt stieß, machte ich einen Sprung. Es war die beste Möglichkeit für mich, um von A nach B zu kommen.

Ich fing dort 2006 mit dem Studium an, nachdem ich seit etwas sechs Monaten in Mexiko-Stadt war und mein Leben von morgens bis abends schon gerammelt voll war. Ich plante meine Kurse zwischen die Vorsprechen und die Arbeitsschichten, dabei alle Details in meinem Notizbuch festhaltend, das ich immer mit mir durch die Gegend trug und das für mich so wertvoll war wie ein Stück Gold.

Ich war die einzige Person, deren Muttersprache nicht Spanisch war, ich fiel also auf. Und es war weitaus schwieriger, Kurse auf Hochschulniveau auf Spanisch zu besuchen, als sich Essen in einem Restaurant zu bestellen. Aber wir waren eine enge Community aus etwas 30 Studentinnen und Studenten, und ich fühlte mich wie in meinem letzten Jahr an der Highschool sofort zu Hause in dieser Ansammlung aus völlig unterschiedlichen Menschen verschiedener Schichten. Einige waren älter und hatten sich beruflich bereits etabliert, wollten also schlicht ihr vorhandenes Wissen aufstocken. Einige waren jünger und wollten die Grundlagen lernen, um ihre Familienunternehmen übernehmen zu können.

Letztlich gibt es immer wieder finanzielle Aspekte und Entscheidungen, die nur du verstehen kannst. Ich fordere dich also dazu auf, deine Probleme auf kreative Weise zu lösen, damit du eine Chance hast, bevor du aufgibst. Das Kapital, das du tatsächlich verdienst und ausgibst, ist nur ein Bruchteil des gesamten Geschäfts. Kleckere nicht, sondern klotze und trau dir einen finanziell größeren Sprung zu. Du musst auch nicht 24 Jahre alt und Single sein, um dir kreative Lösungsansätze bei den Finanzen auszudenken. Du musst einfach nur ehrlich mit dir selbst sein, damit, wo du stehst, was du kannst, was du machen musst und machen willst, um es wahr werden zu lassen.

6

Das sind keine Schlaglöcher. Das _ist_ der Weg.

➡ **Es gibt tatsächlich keinen Geheimtipp, wie man einen klaren Kopf behält, wenn die Hütte brennt – oder sich so anfühlt. Aber je öfter du einen solchen Brand überlebst, desto mehr gewöhnst du dich an das Unangenehme.**

Nachdem wir innerhalb von drei Jahren dreimal umgezogen waren, musste unser florierendes Unternehmen 2015 schon wieder umziehen. Wir waren erst meinem Küchentisch, dann dem ersten Schrankbüro mit seinen 37 Quadratmetern, dann dem mit 93 Quadratmetern und letztlich auch dem mit 140 Quadratmetern im selben Gebäude entwachsen. Als unsere Herstellungsleiterin ein »Zu vermieten«-Schild am Nachbarhaus unseres ersten großen legitimen Produktionspartners sah, schaute ich mir das natürlich an.

Der Makler lief mit klimperndem Schlüsselbund auf mich zu. Er schaute mich von Kopf bis Fuß an, und sein Gesichtsausdruck sagte: *Du siehst jünger aus als meine pubertierende Tochter.* Aber ich ließ mich nicht darauf ein und grinste ihn einfach an. Wir gingen herein. Es war ein riesengroßes, höhlenartiges Desaster. Düster. Dunkel. Überall blätterte die Farbe von den Wänden. Reinstes Chaos. Während wir die riesigen Stoffhaufen, heruntergekommenen Geräte und Kabel, die wahllos in der Gegend herumlagen, umrundeten, verliebte ich mich in die Räumlichkeiten. Ich wusste sofort, dass dies wie für uns gemacht war. Das waren unsere zukünftigen vier Wände …

Es stellte sich dann heraus, dass unser Produktionspartner nebenan auch wachsen wollte, also dachte ich mir: *Ich werde ihn dazu kriegen, mit uns zusammen diese Räume zu mieten. Das wird perfekt, und wir können zusammen wachsen.* Ich hatte bei ihm bereits wöchentlich Bestellungen getätigt, und es wurden nur noch mehr. Das Unternehmen lieferte immer zuverlässig, pünktlich gute Arbeit ab und war seit vielen Jahren auf dem Markt. Wir unterschrieben Mitte Juni 2015 zusammen den Vertrag.

Als sich meine Belegschaft das erste Mal die Räume anschaute, dauerte es nicht lange, bis sie mich darauf hinwiesen, dass die flughallengroßen Räumlichkeiten ziemlich furchtbar aussahen.

»Iih, es ist echt eklig hier«, sagte einer meiner Mitarbeiter, der an dieser Stelle ungenannt bleiben möge.

Was sie sahen, war tatsächlich die aktuelle Realität, aber wo sie Dreck sahen, sah ich Potenzial. Ich sah das Sonnenlicht schon vor mir, die hell gestrichenen Wände, Topfpflanzen und Dutzende wunderschöne Schürzen in der Auslage. Das Gelände einer ehemaligen Siebdruckerei hatte zu viel Farbe, wo wir sie nicht wollten (über dem Fensterglas), und zu wenig, wo wir sie wollten (sie blätterte von den Decken und Wänden ab). Und überall lag haufenweise zurückgelassener Müll. Aber all das konnte man ändern. Wenn ich mir das Gebäude anschaute, waren die Räumlichkeiten in meiner Vorstellung so groß, dass sie unsere eigenen Möglichkeiten ebenso vergrößerten. Es würde bei einer Etablierung einer H&B-Welt helfen, in der sowohl Michelin-Sterne-Köche und -Köchinnen als auch Menschen, die zum ersten Mal Brathähnchen zubereiteten, stolz darauf wären, unsere Schürzen zu tragen – und dies wäre unsere greifbare Darstellung dessen!

Zuerst strichen wir alles in WEISS, damit alles neu und frisch aussah. Wir liehen uns eine Hebebühne, kratzten die alte Farbe ab und renovierten alles, an das wir herankamen. Dann suchte ich mir eine Empfehlung für ein paar Typen, die den Rest strichen – professionell, aber günstig. Eine überzeugende (und nötige) Kombi. Um das Ganze zu verschönern, schnappte sich meine Assistentin Steph (eine aufstrebende Künstlerin) die Schlüssel für die Hebebühne und fuhr damit in drei Metern Höhe durch den Raum, um einige meiner Lieblingszitate an die Wände zu malen: »Alles ist besser mit Butter.« – Julia Child; »Wenn du es träumen kannst, kannst du es auch machen.« – Walt Disney; und ein eigenes: »Wenn die Haustür nicht offen ist, dann klettere durch das Fenster«, das wir über eine Reihe großer Fabrikfenster an die Außenseite des Gebäudes malten.

Zuletzt rief ich einen meiner zuverlässigen Kontakte von früher an: Dennis von Swing Set Solutions. Dennis hatte mir eine Schaukel in meinem alten Büro gebaut, und jetzt hatte ich noch größere Pläne in petto für ihn: Baumhäuser! Warum langweilige Büros mit Trockenbauwänden konstruieren, wenn ein Baumhaus auf zwei Ebenen im Stil eines Spielplatzes den Zweck erfüllte – und außerdem viel billiger war als der Bau neuer Büros?

Eine ordentliche Renovierung des Innenraums hätte zwischen 40 000 und 60 000 Dollar gekostet und Monate gedauert, dank der nötigen Genehmigungen, der Suche nach einem befugten Bauunternehmer et cetera. Stattdessen erledigten wir alles mithilfe des Alleskönners Dennis.

Als Dennis für eine erste Begehung vorbeikam, zeigte ich ihm, wo ich mir das Baumhaus für die Büros auf zwei Etagen vorstellte. Er reckte erst den Kopf, um ihn dann zu schütteln.

»Ich weiß nicht, ob das mit einem zweigeschossigen Baumhaus hier klappen würde«, kommentierte er rundheraus.

Er war es gewohnt, sich mit verrückten Eltern herumzuschlagen, aber dennoch stellte er definitiv das bevorstehende Projekt infrage. Wir unterhielten uns also etwas mehr.

»Okay, das ginge«, sagte er.

»Aber wir brauchen auch eine Seilrutsche«, antwortete ich.

»Das wird aber eine Herausforderung.« Aber nach ein wenig Nachdenkzeit war er mit an Bord und fügte hinzu: »Okay, das können wir machen.«

Kosten insgesamt: 8000 Dollar für zwei Baumhausbüros und das Rezept für meine geheime Soße für meinen Traum vom Hauptquartierumbau.

Mit einer gelben Röhrenrutsche und einer drei Meter langen Seilrutsche belebten wir das Ganze noch mehr – alle meine Willy-Wonka-Träume würden wahr werden.

Ungefähr ein Jahr später gab ich gerade einem Besucher eine »Herzlich willkommen im neuen fabelhaften Hedley & Bennett-Hauptquartier«-Tour, als ich etwa bei der Hälfte unsere Rezeptionis-

Extreme Runderneuerung: H&B-Fabrik-Variante

→ Bei der Renovierung unseres 5000 Quadratmeter großen Hauptquartiers haben wir mehr Arbeit als Geld investiert, und das Ergebnis ist eine magische Willy-Wonka-eske Erlebnisfabrik. Einige der inspirierenden Momente, die den Ort wirklich zu dem gemacht haben, was er heute ist, waren unter anderem:

▲

Auf dem Fabrikgelände spazieren gehen und sich ausmalen, was alles daraus werden könnte.

In Amerika her-
gestellte Bänder aus
Rohbaumwolle sind
einer der Bausteine
unserer Schürzen.

Einer meiner
Lieblingsplätze im
Hauptquartier war
die Seilrutsche durch
den Ausstellungs-
raum.

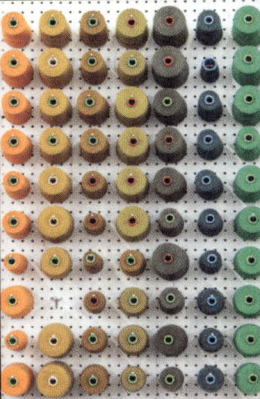

Unsere H&B-Fabrik
in LA in vollem
Gange.

Unser von Willy
Wonka inspiriertes
Hauptquartier mit
Büro-Baumhäusern,
Rutsche und Test-
küche.

Die Testküche der
Fabrik, für Mitar-
beiterversamm-
lungen und
Gemeinschafts-
events mit Köchen.

tin mit besorgtem Gesichtsausdruck auf uns zukommen sah. Sie war so klug, mit ihrer Information nicht vor unserem Gast herauszuplatzen, aber sie warf einen vielsagenden Blick zurück zu ihrem Arbeitsplatz, wo ein Mann im Anzug stand und wartete.

»Hey, kann ich kurz mit dir sprechen?«, fragte sie mich und warf dem Mann ein ängstliches Lächeln zu.

»Klar«, antwortete ich.

»Ich bin sofort wieder für Sie da, okay?«, fügte ich gegenüber unserem Gast hinzu.

Er nickte und ging, um sich die Rutsche in der Mitte des Raumes etwas genauer anzuschauen. Ich war froh über die Ablenkung. Ich trat ein paar Schritte zur Seite und wir steckten schnell die Köpfe zusammen.

»Ähm«, sagte sie langsam und schluckte schwer. »Schau dir das an.«

Sie übergab mir einen großen Stapel Papier. Ich warf einen kurzen Blick drauf und fiel in mich zusammen. Uns wurde gerade eine 30-Tage-Kündigung ausgestellt. Nach all der Arbeit, die wir in das neue H&B-Domizil gesteckt hatten, wurden wir nun aus mir unbekannten Gründen rausgeworfen.

Ich hatte gewusst, dass es ein kleines Risiko sein würde, mit unserem Hersteller zusammen den Vertrag zu unterzeichnen, aber mir war nicht klar gewesen, dass es auf so aufsehenerregende Weise enden würde: damit, dass er unsere Hälfte der Pacht einbehielt und den Vermieter monatelang nicht bezahlte, was hieß, dass sich unsere Kaution – ganz zu schweigen von mehreren Monaten unserer Miete – in nichts auflöste.

Er konnte nicht uns nur NICHT unser Geld zurückzahlen oder irgendwie zu einer Lösung beitragen, sondern sein Unternehmen ging pleite. ALLE seine Geräte der letzten 20 Jahre, von denen einige mir gehörten, wurden eingezogen, um seine Schulden zu begleichen. Ich hatte es so weit geschafft – fünf Jahre lang –, ohne jemals mehr auszugeben, als wir eingenommen hatten, ganz ohne Kredite und Investoren. Das Unternehmen gehörte zu 100 Prozent mir, wie nun auf einen Schlag diese komplette Lagerhalle und der riesige Haufen Schulden. Was das Ganze aber noch schlimmer machte: Ich hatte zu ihm aufgeschaut und eindeutig auf das falsche Pferd gesetzt.

Mein Kampf-oder-Flucht-Instinkt setzte ein. Und wie jedes Säugetier mit Überlebensinstinkt floh ich – seelenruhig. Ich entschuldigte mich bei meinem Gast, führte ihn aus dem Gebäude und machte mich auf den Weg in mein vertrauenswürdiges Baumhaus. Und jetzt war ich hier, eine erwachsene Frau, hoch oben in ihrem Baumhausbüro, in dem ein Schild an der Wand hing, das besagte: »Feuchte Hände, überquellendes Herz, verlieren unmöglich.« Ich fragte mich: *Wie zur Hölle hatte das passieren können? Wie hatte ich es passieren lassen? Was läuft nur falsch bei uns? Bei mir? Wie hatte ich es so vor die Hunde gehen lassen können? Scheeeeeeiiiiiißeeeee! Ich verliere!*

War dies nun das Ende von H&B? Wir würden auf der Straße stehen, ohne einen anderen möglichen Arbeitsort und ziemlich genau direkt vor unserer Hauptverkaufszeit des Jahres: der Herbst- und Weihnachtssaison.

Ich hatte eine Wahl: Ich konnte noch mehr Zeit darauf verschwenden, mich selbst zu kasteien und mich im Elend zu suhlen, oder ich konnte einen Schritt zurückgehen, für mich akzeptieren, dass sich die Umstände geändert hatten und ich keinen Mietpartner mehr hatte, um uns zu unterstützen, und einen Weg finden, um das Steuer aktiv herumzureißen. In diesen Krisenmomenten, die deinen Willen als Mensch und als Führungskraft testen, misst sich dein Erfolg nicht daran, was du letzte Woche oder letztes Jahr getan hast, sondern daran, wie schnell du von deinem jetzigen Standpunkt an die Problemlösung herangehst.

Wach auf, Ellen, wach auf!

Der Fahrplan für unter-

➔ Geh nicht davon aus, dass du Probleme vermeiden kannst.

Juuuuuchuuuuuuuu!

Unbeschadet.

Die Leute lieben alles, was wir machen!

Heiliger Bimbam, das ist tatsächlich wahr.

Alles ist möglich, und es lohnt sich.

Wow, das funktioniert.

Wieder aufstehen, trotz blutiger Knie und so.

Erster fester Schlag ins Gesicht.

Gehen wir es an!

nehmerisches Handeln

Vertraue lieber darauf, dass du besser in der Lösungsfindung wirst.

Aufwachen und … weiterkämpfen.

Improvisieren.

Sich mit Helden und Heldinnen anfreunden.

Auf Instagram richtig glamourös rüberkommen, im wahren Leben wie wild kämpfen.

Wieder versuchen. Und wieder. Und wieder versuchen. Und wieder.

Von der Personalabteilung zensiert.

Es auf die harte Tour lernen.

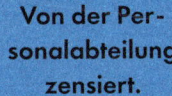

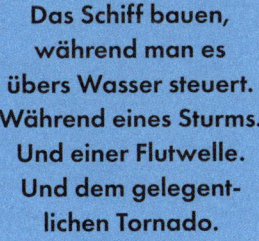

Das Schiff bauen, während man es übers Wasser steuert. Während eines Sturms. Und einer Flutwelle. Und dem gelegentlichen Tornado.

Okay, ich musste also wieder auftauen und darüber nachdenken, was ich hatte, statt darüber, was ich nicht hatte. Niemand würde uns retten – nur unser Verstand konnte uns jetzt noch helfen –, also wachte ich aus meiner Starre wieder auf und kämpfte wie eine Löwin.

Zuerst musste ich unsere Vermieterin davon überzeugen, dass wir tatsächlich gute Mieter waren. Und einige grundlegende Entscheidungen am Anfang hatten sich ausgezahlt. Ab dem ersten Tag hatte ich nicht mehr ausgegeben, als ich eingenommen hatte, was nicht so einfach gewesen war, weil wir erst das nötige Geld verdienen mussten, wenn wir etwas brauchten. Elementar, aber wirksam. Außerdem hatte ich immer 10 Prozent der Einnahmen zur Seite gelegt, jeden übrigen Cent in das Unternehmen reinvestiert und mir selbst kaum einen Lohn ausgezahlt. Ich hatte also ein kleines, aber mächtiges Sparbuch, und nachdem wir das Geld abgezogen hatte, das wir dieses Jahr für die Weihnachtsbestellungen brauchen würden, beschlossen wir, dieses Geld für die erste und die letzte noch zu zahlende Monatsmiete zu verwenden, sowie für die Miete, die unser Hersteller noch nicht gezahlt hatte, und für den neuen Monat, der nun noch vor uns lag.

Da saß ich also mit unserer Finanzperson in unserem kleinen Baumhaus und erstellte einen Plan. Er war nicht perfekt, aber er brachte uns weiter. Auch wenn Analyse also wichtig ist, solltest du dich nicht allzu lang damit aufhalten – indem du keine Entscheidung fällst, triffst DU eine, weil die Welt sie für dich fällen wird.

Ich kannte Peggy noch nicht persönlich, aber ich wusste, dass das Gebäude eine besondere, emotionale Signifikanz für sie hatte, weil es vorher ihrem Vater gehört hatte. Das war etwas, was wir gemeinsam hatten – das Lagerhaus hätte mir nicht mehr bedeuten können, selbst wenn es ein Teil meines Körpers gewesen wäre. Ich hatte seit Monaten alles, was ich hatte, hier hineingesteckt, und ich wollte ihr

Sechs spontane Entscheidungen, die ich zur Rettung des H&B-Hauptquartiers traf

(1) Beschaffung des nötigen Geldes aus den Ersparnissen sowie die Streichung aller unnötigen Ausgaben, BUCHSTÄBLICH AN DIESEM TAG.

(2) Entnahme der Mittel, die für das Material der Feiertagsbestellungen vorgesehen waren, und Verwendung dieser Mittel für die Kaution.

(3) Mir selbst kein Geld auszahlen – bis auf Weiteres.

(4) Einen Teilzahlungsplan mit unseren Stoffproduzenten ausarbeiten, um alle Materialien für die Feiertage ohne die sonstige Vorauskasse bezahlen zu können.

(5) Alle im Büro in ihre Festtagskleidung stecken, um unsere 92-jährige Vermieterin Peggy davon zu überzeugen, unser Willy-Wonka-für-Köche-Wunderland, inklusive Eiscreme und Umarmungen, zu besuchen.

(6) Besagte Vermieterin auch davon überzeugen, das 16 000-Quadratmeter-Hauptquartier an diese 28-Jährige (mich) zu vermieten, deren Tante unseren ersten 37-Quadrat-meter-Mietvertrag mitunterzeichnet hatte.

wirklich zeigen, wie viel Liebe in diese Räume geflossen war. Wie ich es also geplant hatte, machte ich einen Termin mit ihr aus. Ich hoffte, dass das Gebäude für sich selbst sprechen würde.

Okay, Beginn der Operation »Rettung H&B-Hauptquartier«. Zur ausgemachten Zeit betrat eine würdevolle ältere Dame unsere Räumlichkeiten, reckte ihren Hals, um alle Details dessen, wie wir den Raum verändert hatten, in sich aufzunehmen.

»Hallo, Peggy! Herzlich willkommen im Hauptquartier«, sagte ich zu ihr. »Schauen Sie mal, was wir mit Ihrem Gebäude gemacht haben.«

Bitte lassen Sie es nicht für umsonst gewesen sein, fügte ich in Gedanken hinzu.

Während der ersten paar Minuten ließ sie mich all unsere speziellen Details zeigen – die weisen Worte, die wir in großen Lettern an die Wand gemalt hatten, die professionelle Küche, die Rutsche! Ich hab ihr vielleicht oder vielleicht nicht von der Seilrutsche erzählt, bei der mir unsere Personalabteilung geraten hatte, sie nicht mehr benutzen zu lassen. Sie lief langsam und still mit, unsere Arbeit betrachtend. Als ich es letztlich fast nicht mehr aushielt, lächelte sie mich an.

»Es ist wunderschön«, sagte sie zu mir. »Sie haben es richtig nett gestaltet. Mein Vater wäre so stolz.«

Ja! Wir hatten aus einer dunklen und schäbigen Räumlichkeit, mit angestrichenen Fenstern, ein einladendes Paradies geschaffen. Wir hatten dem Gebäude eine Seele gegeben und es zu etwas Besonderem gemacht.

»Okay, Sie haben sich bewiesen«, sagte sie. »Es gehört Ihnen.«

Ich seufzte und atmete durch. Ich gestand mir ein, dass wir den Herzinfarkt wieder abgeschreckt hatten, zumindest an diesem einen Tag, fühlte mich friedvoll, weil ich wusste, dass wir immer noch ein Büro hatten.

Dieses Gespräch lehrte mich, dass das Universum einen für die kleinen Erledigungen im Leben, die niemand sah, auch großzügig belohnte, selbst wenn es einen unbarmherzig im Stich gelassen hatte. Und manchmal – nur manchmal – gleicht sich das dann alles aus.

Ich lernte zudem auch wieder, dass der Weg zum Erfolg keine einspurige Autobahn ist. Stattdessen ähnelt es eher einer langen Straße mit Haarnadelkurven, Schlaglöchern und Blitzern, und manchmal führt es einen anscheinend wieder zurück an den Anfang.

● ● ●

NICHT LANGE NACHDEM ALL DAS GESCHAH, beobachtete ich Handwerker dabei, wie sie das Logo des ehemaligen Produzenten an der Außenwand nebenan übermalten. Er war ein großer Kleinunternehmer mit einem großen Traum gewesen, wie ich. Und auf einen Schlag war es, als hätte es sein Unternehmen nie gegeben. Ziemlich genau zur selben Zeit hat American Apparel – nur ein paar Häuser weiter – auch seine Türen geschlossen. Das war eine ernüchternde Erinnerung daran, wie irre schwierig es war, selbst für Unternehmen mit jahrelanger Erfahrung und Geschichte.

Aber ich bereue es keinen Meter, dass ich den Mietvertrag mit ihm unterschrieben hatte. Wie ich im Laufe der Jahre mit H&B lernen musste, hält keine Lösung und auch keine Beziehung für immer, leider. Es gibt Abschnitte auf der Reise, die irgendwann enden müssen, und man selbst geht weiter und lässt sie zurück, ohne das Gelernte zu vergessen. Ich hatte nicht das Geld, um die gesamte Lagerhalle zu mieten, als wir vor fast einem Jahr den Vertrag unterschrieben hatten, aber als diese Partnerschaft in sich zusammenbrach, hatte ich wenigstens einen Plan, wie wir es uns leisten konnten. Also unter-

Wie du mit jemandem umgehst, der wegen etwas, das du getan hast, verärgert oder wütend auf dich ist (ob du der Person nun zustimmst oder nicht).

🟥 **Falls du auch wütend bist, dann solltest du dir einen Moment Zeit nehmen.** Rede oder reagiere nicht in just diesem Moment. Bitte darum, kurz rausgehen zu dürfen, oder verlasse den Raum. Atme. Du kannst in diesem Moment NICHT vernünftig denken.

🟦 **Ignoriere weder das Problem noch die Person.** Würdige sowohl die Person als auch das Problem und deine Gefühle.

🟥 **Reagiere nicht per E-Mail oder Textnachricht.** Es ist wirklich schwierig, etwas in einer SMS-Schlacht oder mit einer E-Mail-Ausrede in Ordnung zu bringen. Triff dich persönlich oder ruf wenigstens an. (Das trifft auf fast alles zu, auch auf Entlassungen oder Kündigungen – drück dich nicht davor!)

🟩 **Umschiffe ihre Abwehrhaltung und** bring die Person zum Reden.

■ Hör zu.

■ Rede dich nicht heraus. Höre einfach zu und zeige der Person, dass du es tust. Sag: »Ich höre dich. Ich verstehe dich.« Und meine es dabei auch ernst.

■ Pick dir einen Aspekt heraus, dem zu zustimmst, und erkenne ihn an. »Ich verstehe, dass ich, als ich X gemacht habe, die Situation nicht ideal gelöst habe. Das tut mir leid. Danke, dass du mich darauf hingewiesen hast.«

■ Sag: »Daran werde ich arbeiten. Nächstes Mal mache ich es besser.« Meine dies ernst.

■ Falls es etwas gibt, dem du nicht zustimmst, dann versuche, ohne Konfrontation deine Sicht zu erklären: »In Bezug auf Y dachte ich mir dabei Folgendes: ...«

■ Danke der Person für das Gespräch. Falls es angemessen ist, gib Bescheid, dass du eine E-Mail verschicken wirst, in der du das Gespräch und die nächsten Schritte noch einmal umreißt.

---

schrieb ich an Ort und Stelle den Vertrag für das 1500 Quadratmeter große Gebäude, das unseren Namen an der Seite trug und passende regenbogenfarbene Wände hatte. Es fühlte sich wie ein Neuanfang zu einem ebenso neuen Kapitel an, und ich war zwar leicht gebeutelt, aber hatte immer noch genügend Energie dafür.

Also denk dran: Du kannst das Spiel des Lebens NICHT vom Seitenrand aus spielen. Du musst mitten ins Getümmel springen und ES LEBEN. Du wirst dabei auf Sackgassen, auf Hindernisse, Schlaglöcher, stürmische Zeiten und die Meinung einer ganzen Menge Menschen, wie du etwas NICHT machen kannst, stoßen (manchmal wird auch dein Kopf ein wenig mitmischen). Aber wenn du es dich traust, dann erinnere dich auch daran, dass es alles Teil der Reise ist, dass du aufstehen, dein Krönchen richten und WEITER-LAUFEN musst.

Dir steht alles zur Verfügung, um wieder aufzustehen. Wenn du es einmal geschafft hast, wirst du es auch wieder schaffen. Und wenn du es noch nie machen musstest, dann kannst du es genauso gut jetzt auch einfach versuchen. Das Ergebnis wird vielleicht nicht perfekt, aber es wird, egal wie, auf jeden Fall besser, als wenn du am Seiten-rand stehen bleibst und ein Leben lang darüber nachdenkst. Spring wieder rein ins Getümmel!

Fünf Dinge, die ich mache, wenn das Leben mir ein Bein stellt

1. **Nicht davor verstecken** – ich schaue mir das Problem wirklich an und versuche, zu verstehen, was gerade passiert.

---

2. **Eine Runde in die Badewanne legen**, um mich eine Weile in meinen eigenen Gedanken zu suhlen.

---

3. Keine impulsiven Entscheidungen treffen. **Eine Nacht darüber schlafen.** Am Morgen mit einer neuen Perspektive darauf reagieren.

---

4. Bewährte Freunde anrufen, die mal in einer ähnlichen Situation waren. **Ich hole mir Feedback**, um dann meine eigenen Gedanken und Pläne zu formulieren.

---

5. Ich hänge nicht zu sehr daran, sobald ich festgelegt habe, was ich machen werde. Meine erste Reaktion muss nicht unbedingt die beste sein, oder ich muss vielleicht auch **einen Kurswechsel** einlegen, sobald ich mehr weiß. Das ist in Ordnung. Ich muss nur irgendwo anfangen.

Innehalten, zusammen-arbeiten & zuhören

➡ Wenn ich mich mit meinen Lieblingsmenschen treffe, möchte ich mit ihnen meiner Lieblingsbeschäftigung nachgehen: etwas völlig Neues und Wunderbares zusammen erschaffen.

Mit genau diesem Gedanken fing auch H&B an: anpacken, zusammen mit meinen liebsten Köchen, und dann ein tolles neues Schürzendesign erschaffen – mit direktem Input im persönlichen Gespräch. Ich hatte herausgefunden, wie sehr ich diese Art der kreativen Arbeit liebte: eine wirklich Zusammenarbeit zwischen Menschen, die ihre

Köpfe zusammensteckten und so jeweils einzigartige, wichtige Aspekte in den Prozess einbrachten.

Aber jetzt, wo mein Team im Hauptquartier vor sich hin wuchs, die Maschinerie der Schürzenproduktion bei H&B wie geölt lief, freute ich mich darauf, mir neue Varianten der Zusammenarbeit anzuschauen und so sowohl mein Unternehmen als auch mich selbst nach vorn zu bringen. Für ein solch kleines und selbst geführtes Unternehmen wie unseres waren meine Ideen oft zu groß, um sie umzusetzen – vor allem wenn wir es auf uns allein gestellt hätten tun müssen. Aber ich war mir sicher, dass wir nur die richtigen Menschen mit ins Boot holen mussten, um alles schaffen zu können. Also hielt ich meine Augen und Ohren kontinuierlich nach diesen magischen Verbindungen offen, mit denen wir diese perfekten Partnerschaften eingehen könnten.

Und genauso kam dann auch, dass ich mich und H&B im Oktober 2016 mit Jeni Britton Bauer von Jeni's Splendid Ice Creams, einer meiner neuen besten Freundinnen und einem unerschöpflichen Quell unternehmerischer Inspiration, auf eine Goodwill-Tour durch fünf Städte begab. Ich weiß nicht mehr, wer letztlich die Idee gehabt hatte oder ob sie uns einfach zeitgleich gekommen war, aber uns fiel das Folgende auf: Wenn Bands auf Tour gehen können, warum können es denn dann nicht auch eine Schürzendame und eine Eiscremedame? Zudem kam es uns so vor, als könnte das Land gerade ein wenig positiven Vibe gebrauchen.

Keine von uns beiden hätte das wohl allein unternommen, aber sobald uns klar war, dass die jeweils andere mit an Bord sein würde, ging es los.

Ich flog zu Jeni nach Columbus, Ohio. Von dort aus fuhren wir mit einem ausgeliehenen Camper und ein paar Teammitgliedern im Schlepptau durch den Süden. Wir wollten so ein paar Städte besuchen, in denen wir noch nie gewesen waren, Köche treffen und wollten unsere Begeisterung in die Welt tragen. Wir würden einen Wagen voll Eiscreme und Schürzen verteilen, unterdessen aufmunternde Gespräche in Schulen führen und möglichst viele lächelnde Gesichter zurücklassen. Wir würden so auf dem Weg unsere Community immer weiter vergrößern, Person um Person, Straße um Straße.

Wir besuchten so insgesamt fünf verschiedene Städte in neun Tagen, darunter Louisville, Nashville, Atlanta und Birmingham, klapperten die Regionen ab, verteilten unsere Geschenke, trafen andere Gründer und Gründerinnen, veranstalteten Brunches, während sich in alle Richtungen neue Ideen entwickelten. Wie bei unserer Ankunft in Louisville, wo wir in das wunderbare 610 Magnolia von Chefkoch Ed Lee hüpften, mitten am Tag, während das Küchenpersonal damit zu tun hatte, sich für den Ansturm am Abend vorzubereiten.

»Wir sind hier!«, riefen wir, als wir in das Restaurant gestürmt kamen. Chefkoch Ed war sich bewusst, dass wir kommen würden, aber niemand sonst, und noch bevor sie wussten, wie ihnen geschah, begrüßte ich sie alle, schaute in ihre Töpfe voller leckerem Essen und band ihnen Schürzen um.

»Was ist hier los?!«, fragten sie, gleichzeitig verwirrt und begeistert.

»Na ja, wir wollten euch überraschen. Wir sind auf unserer Goodwill-Tour! Und haben euch Eiscreme und Schürzen mitgebracht, um euch eine Freude zu bereiten.«

Während ich also Bänder justierte und am Rücken verknotete, schaute ich mir alles an und probierte das Essen.

»Jeni, hol das Eis!«, rief ich ihr zu.

»Auf dem Weg!«, rief sie zurück.

Sie düste zu unserem Tiefkühler im Camper und düste ebenso schnell zurück, die Arme voll beladen mit Brombeer-Crisp-, Honig-Vanille- und Boston-Cream-Pie-Eis.

Wie ein wirbelnder Tornado voller Packungen und Löffel wuselte sie durch die Gegend und versorgte alle mit Eis.

Während alle Eis in rauen Mengen in sich hineinschaufelten, band ich ihnen Schürzen um und stellte dabei sicher, dass sie alle Stoffe und Stile ausprobierten.

Es war wie ein wahrer Zirkus aus positiven Vibes und wunderbaren Geschmacksrichtungen.

»Ich weiß nicht, was gerade passiert ist, aber es war fabelhaft!«, riefen die Köche.

Und schwups! – waren wir wieder weg. Zurück im Camper. Auf dem Weg zum nächsten Halt! Das Einzige, was wir zurückließen, waren Schürzen, Eiscreme und eine Menge neuer Freunde.

Auf der einen Seite war es eine tatsächlich komische Art, um mit anderen in Verbindung zu treten, aber auf der anderen war es genau das, was ich mir schon immer gewünscht hatte: einen mächtigen Trupp aufzubauen, indem ich von Koch zu Koch, Restaurant zu Restaurant, Straße zu Straße ging. Und Jeni verstand mich und hatte denselben Traum. Als ich nach LA zurückkam, tat mir mein Gesicht vom vielen Lächeln weh.

● ● ●

IM NÄCHSTEN JAHR schlängelte ich mich nichts ahnend eines Tages den vollen Bürgersteig in Downtown-LA entlang, unterwegs zu dem Panel, zu dem ich eingeladen worden war, bei der ComplexCon, einer jährlich stattfindenden Kleidungskonferenz, als mich plötzlich eine Frau anhielt. Inmitten dieser Schar Streetwear-Kids aller Couleur.

»Hey, bitte entschuldigen Sie, aber sind Sie nicht Hedley & Bennett?«, fragte diese superfreundliche Dame. »Ich arbeite bei Vans.

Und wir wollten schon immer mal etwas mit Ihnen zusammen machen!«

»Wirklich?!«, erwiderte ich. »Andauernd sagen Leute auch zu uns, dass wir dringend mit Vans zusammenarbeiten sollten. Das ist ja verrückt.«

Nur einige Monate zuvor hatte ich bei einer unserer Brainstorming-Sitzungen Vans als eine der angesagten Marken genannt, mit denen ich wirklich gern mal kollaborieren würde. Und unser Marketingteam hatte daraufhin gesagt, dass dies auch die am häufigsten gewünschte Kooperation sei. Da standen wir also und sonnten uns in diesem magischen Zufall, der unser Wege sich hatte kreuzen lassen. (Stichwort: vitamixen!) Wie hoch stehen schließlich die Chancen für so etwas?

»Ich bin gerade auf dem Weg zu einem Panel«, sagte ich zu ihr. »Darf ich Ihnen meine Nummer geben?«

Laura überreichte mir ihr Handy und auf meine ganz persönliche Ellen-Bennett-Art tippte ich wie der Wind meinen Namen ein, machte dann noch ein Selfie, damit sie mich später wiedererkennen würde. Zudem speicherte ich alle nötigen Informationen wie meine E-Mail-Adresse, Nummer und sogar meinen Geburtstag ein!

Ich ging an Ort und Stelle davon aus, dass diese Kollaboration zustande kommen würde. Und zwar nicht nur in meinem Kopf. Ich entschied es und sprach es laut aus – mit ihr zusammen. So wie damals, als Cheffe Josef mir erzählt hatte, dass er diese Frau, die Schürzen für ihn machen würde, kennengelernt hatte, bot sich mir hier eine spontane Gelegenheit, und ich nutzte sie. Ich wusste, ich würde die Details später noch für mich sortieren können. Das Wichtigste war jetzt erst einmal, die Gelegenheit beim Schopfe zu packen!

»Das ist so aufregend«, sagte ich zu ihr. »Sie ahnen gar nicht, wie viele Menschen schon wollten, dass wir mit Ihrem Unternehmen zusammenarbeiten.«

»So geht's uns auch!«, erwiderte sie.

Wir umarmten uns zum Abschied direkt mitten auf dem Bürgersteig, inmitten der strömenden Massen auf dem Weg zur Konferenz. Dann sprintete ich zu meinem Panel.

Ich kontaktierte sie später. Ich glaube fest daran, dass, wenn man wirklich klugen, erfolgreichen Menschen im Leben begegnet, die es gewohnt sind, von allen um Sachen gebeten zu werden, man sich nicht genauso verhalten sollte. Stattdessen sollte man ihnen zeigen, dass man sie wertschätzt, indem man ihnen etwas gibt, ihnen hilft und sie auf jede erdenkliche Art unterstützt. *Stärke eine solche Person, die es sonst gewohnt ist, um Sachen gebeten zu werden.*

▲ **Der Vans x Hedley & Bennett-Schuh**

SONDER SEITEN

Wie man großartige Kollaborationen schafft

LAURA UND ICH VERABREDETEN UNS FÜR EINEN CALL. Diesen nutzten wir für ein großes Brainstorming und redeten über all die tollen Sachen, die sie gerade am Laufen hatte. Wie mit den anderen Menschen, mit denen ich zusammenarbeitete, hörte ich hier wirklich richtig zu und stellte sicher, dass ich völlig präsent war, damit mir die Punkte auffallen konnten, an die ich mich anhängen und mit denen ich ihr helfen konnte. Und dann erzählte ich ihr von all den tollen Sachen, die wir gerade am Laufen hatten. Ich hörte ihr an, dass sie wirklich zuhörte. Es war eine sehr partnerschaftliche Atmosphäre, obwohl wir noch nicht einmal offiziell beschlossen hatten, etwas zusammen auf die Beine zu stellen. Wir nahmen uns einfach die Zeit, einander kennenzulernen.

Ich mochte Laura wirklich. Sie war cool, klug, jung. Sie war eine Entrepreneurin unter dem Dach Vans und leitete eine ganze Abteilung dieses riesigen Unternehmens. Ich wusste einfach: Wir werden Freundinnen, weil sie eine von den Guten ist. So und nicht anders.

So behandelst du deine neuen Kollaborateure richtig gut

- ■ Fang das Ganze damit an, dass du ihnen etwas bietest.

- ■ Verpflichte dich, sie, ihre einzigartige Situation und ihre Herausforderungen näher kennenzulernen, damit du herausfinden kannst, wie du sie unterstützen kannst.

- ■ Selbst wenn du nur ein kleines Unternehmen hast, das gerade in den Kinderschuhen steckt, hast du doch immer etwas anzubieten: deine Zeit, Energie, ein Produkt oder deine Dienstleistung, irgendwelche Kontakte oder Social-Media-Auftritte, die du bereits aufgebaut hast.

H&B stand kurz vor der allerersten Runde von School of Hustle, einem Event in Kollaboration mit Instagram, das ein energiegeladenes, superinspirierendes Sommercamp für Gründer und Gründerinnen werden sollte, bei dem alle in unsere Fabrik kommen, supercoolen Panels lauschen, Gleichgesinnte treffen und natürlich megaleckeres Essen mampfen würden. Ich lud Laura zu einem der Panels ein, und so konnte sie uns im Büro besuchen und sich anschauen, wofür Hedley & Bennett alles stand.

Während also die Grundlagen für unsere Zusammenarbeit entstanden, wuchs daraus auch eine Freundschaft. Wir redeten und hörten uns gegenseitig zu, immer und immer wieder, und hielten dabei den Ball auf dem Weg hin zu einer tatsächlichen Kollaboration am Laufen.

▶ **Der Vans x Hedley & Bennett-Eiscreme-Truck bei der ComplexCon**

Einige Fragen
an dich ...
und sie*

☐ **Was wollt ihr mit dieser Zusammenarbeit erreichen?**

☐ **Was sind eure Ziele, als Unternehmen allgemein und bezüglich dieser einen Zusammenarbeit?**

☐ **Wie sieht Erfolg bei dieser Unternehmung für euch aus?**

☐ **Seid ihr Gleichgesinnte und gehen eure Ziele in dieselbe Richtung?**

☐ **Steuert jede Seite etwas Einzigartiges und anderes bei?**

☐ **Wie können wir das Produkt oder die Zusammenarbeit auf wirklich einzigartige Weise gestalten?**

* **Es ist wichtig, dass sowohl du als auch deine Kollaborateure all diese Fragen ehrlich und eindeutig beantworten könnt.**

Wir hatten von nun an also diese Brainstorming-Sitzungen, bei denen es einfach keine schlechten Ideen gab, unter Gleichgesinnten über mögliche Zusammenschlüsse. Es waren einfach nur wir, die Ideen in den Raum warfen und überlegten, wie wir irgendwie etwas zusammen erschaffen könnten, um dann auszusieben, was realistisch war. Das ist wirklich einer meiner liebsten Zeitvertreibe. Wenn du mit anderen etwas erschaffst, geht es nicht mehr um die Realität, sondern nur noch um die eigene Vorstellungskraft, um etwas völlig Neues zu erfinden. Irgendwie fühlt es sich so an, als wäre ich wieder Klein-Ellen, so wie Kinder träumen und sich Sachen ausmalen können, ohne Einschränkungen oder Zweifel.

Meine Lieblingstools fürs Brainstormen

- Gutes altes Kritzeln auf Papier

- Farben auf dem Fenster (die Schiebetür bei mir zu Hause ist immer voller Notizen)

- Mood Boards aus gefundenen Bildern und anderen Sachen

- Bilder von Pinterest als Inspiration

- Google Slides, das es dir ermöglicht, den Inhalt deines Gehirns/alle deine Ideen an einem Platz zu sammeln

Die Zusammenarbeit mit Vans war eine perfekte Gelegenheit für uns, denn sie stellten ein Produkt (Sneakers) her, von dem wir nicht wussten, wie man es produzierte, und es dementsprechend auch nie taten. Aber wir wollten auch gute Partner sein und fragten sie daher: »Was macht Hedley & Bennett für euch so besonders, auf Basis dessen wir dann etwas zusammen entwickeln könnten?« Es stellte sich heraus, dass unser Publikum ein gänzlich anderes war als ihres — indem sie sich mit uns zusammentaten, bekamen sie einen Fuß in die Tür zu einem einzigartigen Ort: der Küche. Wir mussten also einen Schuh zusammen gestalten.

Wie aber konnten wir H&Bs kochfokussierte Augen für ein Produkt nutzen, das die Form eines Schuhs hatte? Wir veränderten das Schuhinnere so, dass es sich mehr dem Fuß anpasste, damit Köche, die den ganzen Tag auf selbigem standen, die Schuhe besser tragen konnten. Wir ließen hinten auf den Schuh ein kaufmännisches »&« sticken. Wir tobten uns richtig aus und gestalteten die Sohle in den gleichen Regenbogenfarben wie unsere Fassade. Der Schuh selbst war marineblau und unauffällig, aber wenn man ihn umdrehte, sah man die Farben eines vollständigen Regenbogens. Das sollte als Erinnerung dienen, dass niemand jemals vergessen sollte, wie wichtig es ist, NIEMALS mit dem Träumen, dem Machen, dem Anpacken aufzuhören, sondern diesen Elan beim Laufen beizubehalten — unabhängig davon, wie professionell man sich da draußen auch geben mag.

Ungefähr ein Jahr nach unserem ersten Treffen launchten Laura und ich im September 2018 unsere besonderen Sneakers. Jedes einzelne Paar wurde verkauft, was für uns eine superspannende Sache war. Aber unsere Zusammenarbeit sollte damit noch nicht zu Ende sein, denn 2019 erschufen wir zusammen einen weiteren Schuh. Und dafür entwickelten wir zusätzlich noch einen Eiscreme-Truck für den Launch auf der ComplexCon in diesem Jahr — also bei dem Event, auf dem wir uns damals auch kennengelernt hatten. Auf der Truckrückseite brachten wir eins meiner Zitate mithilfe einer Magnetfolie an, das unsere Philosophie ausdrückte: »Wir haben diese Schuhe entwickelt: als Erinnerung an das Träumen, das Anpacken, das Kreieren von etwas aus dem Nichts, als Erinnerung an den unermüdlichen, nötigen Einsatz, um Träume Wirklichkeit werden zu lassen.«

Ehrlich gesagt waren unsere Kollaborationen einige der freudigsten Erfahrungen für mich bei H&B, und sie gehören mit zu den Ergebnissen, auf die ich bis heute am stolzesten bin.

Aber ich habe dabei auch auf unangenehme Weise eine bittere Wahrheit gelernt:

Die Goldene Regel der Zusammenarbeit
Eine Zusammenarbeit kann nur dann funktionieren, wenn beide Seiten etwas anderes einbringen, und wenn beide Parteien wirklich aufkreuzen, mitwirken und liefern.

Am Anfang bejahten wir so ziemlich jede Anfrage für eine Schürze oder für Raum in unserer Lagerhalle oder einen Auftritt auf unserer Social-Media-Plattform. Im Laufe der Jahre sind irrsinnig viele Menschen mit dem letztlich gleichen Pitch bei mir aufgeschlagen: „»Wir sind riesige Fans von Hedley & Bennett und allem, was ihr so auf die Beine stellt. Das ist der Wahnsinn. Wir würden supergern mal was mit euch zusammen machen und fänden es enorm toll, wenn ihr unser Event hosten würdet.«

Natürlich gehen solche Komplimente runter wie Öl, und ich helfe Menschen gern. Letztlich war der wichtigste Grund für das Hauptquartier und all den betriebene Aufwand dafür ja das Schaffen eines tollen Gemeinschaftsraums für die Menschen um uns herum. Allerdings war es allzu oft der Fall, dass wir das Event planten, es bei uns ausrichteten und auch die Menschen dafür zusammensuchten und einluden. Leider revanchierten sich aber nicht alle, für die wir den Aufwand betrieben, auch dafür. Daher sind wir inzwischen viel wählerischer, was die Menschen angeht, mit denen wir so etwas veranstalten. Zeit und Energie sind wertvolle Ressourcen, mit denen man nicht verschwenderisch umgehen sollte. Sei also auf beruflicher Ebene vorsichtig, denn es wird viele funkelnde Gelegenheiten geben, die nach viel Spaß aussehen, bei denen du dich aber fragen musst: Kann ich das leisten? Kann mein Team mir helfen, das in die Realität umzusetzen? Was muss ich dafür beiseitelegen, weil ich meine Zeit, Ressourcen und Kraft hier einsetzen werde? Führt uns das als Unternehmen in die richtige Richtung oder ist es eher eine Ablenkung?

Sobald du dir über diese Szenarien und Fragen klar geworden bist, kannst du gewisse Angebote guten Gewissens annehmen oder ablehnen. Ich habe Jahre mit vielen Zusagen gebraucht, bis ich gelernt hatte, Nein zu sagen – und realisierte, was dies für ein gutes Gefühl sein konnte.

H&B-Kollaborationen

Williams Sonoma

Rifle Paper Co.

Joy the Baker

Oh Joy!

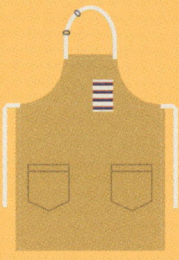

Richer Poorer

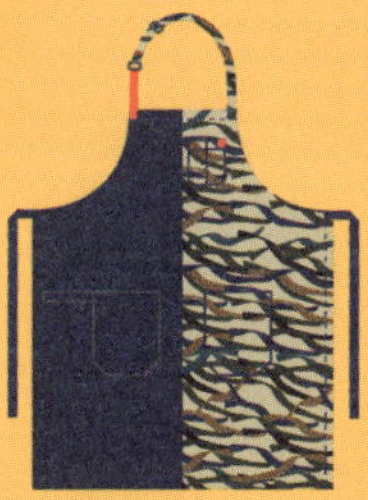

The Hundreds

Parachute Home

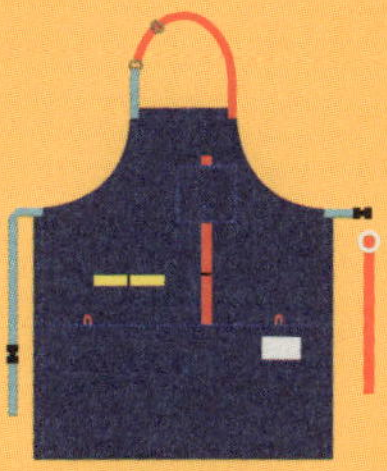

Topo Designs

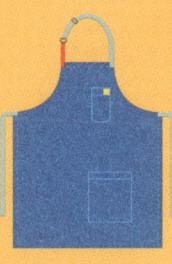

(RED)

Madewell

Don Julio

Vans

AUF GUTE ZUSAMMENARBEIT

8

EIN FAHRENDES AUTO KANN NICHT REPARIERT WERDEN

⬤ Eines Tages im Jahr 2018 erreichte mich aus dem Nichts eine E-Mail von meinem CFO und meinem Personalchef, die mich darin zum Kaffee um 7 Uhr morgens einluden.

Beide pendelten aus Orange County zur Arbeit und begannen ihre Tage normalerweise gegen 10 Uhr, ich wusste also, dass etwas im Busch war. Und war dementsprechend nervös.

Während wir uns vergrößerten und wuchsen, köchelte die Suppe an schlechter Stimmung langsam vor sich hin, wurde dabei immer dicker. Ich war zu diesem Zeitpunkt seit FÜNF JAHREN ohne Unterbrechung und ohne Rücksicht auf Verluste wie ein Räumfahrzeug durch das Unternehmen gepflügt, aber stand immer noch. Wir hatten die Lagerhalle gerettet und mit einem Haufen neuer Mitarbeiter gefüllt – wir hatten jetzt hauseigene Näher und Näherinnen –, dementsprechend also unsere Produktion gesteigert. Wir hatten jede neue Chance genutzt, unseren Trupp immer weiter ausgebaut, Stadt um Stadt, Koch um Koch. Wir hatten sogar inzwischen einen Punkt erreicht, an dem wir unseren Mitarbeitern den 401k-Plan für ihre Altersvorsoge und auch eine Krankenversicherung anbieten konnten. Wir hatten Prozesse etabliert, sodass uns weniger durchrutschte. Und dennoch waren wir nach wie vor unterbesetzt und hatten zu wenige Ressourcen zur Verfügung, sodass regelmäßig unsere Kernstücke ausverkauft waren. Am schlimmsten aber war wahrscheinlich, dass immer wieder meine ungebremste, mit 200 Stundenkilometern durchs Leben jagende feurige Persönlichkeit mit mir durchging – vor meinem Personal. Ich hatte einfach das Gefühl, dass wir ganz dringend mehr erfahrene Leute an Bord brauchten – und zwar GESTERN.

Ich versuchte, die an allen Enden aufkommenden Löcher in unserem Unternehmen schnellstmöglich zu stopfen, und das so nebenbei. Und so begannen die großen Beraterkapriolen. Einen Großteil von 2017 machte ich etwas, bei dem ich lange sehr dankbar dafür gewesen war, dass ich es mir nicht leisten konnte: Ich warf dem Problem Geld in den Schlund. Ich engagierte eine Reihe von Teilzeitberatern und -führungskräfte, in der Hoffnung, dass sie das Boot in eine andere Richtung wenden würden, bevor wir den Wasserfall hinunterschipperten. Alle hatten jeweils etwas und vor allem ihre ganz eigenen Ratschläge zu bieten. Manchmal jedoch war ihr Rat zwar theoretisch großartig, aber kollidierte mit der Umsetzung oder funktionierte schlicht nicht. Manche dieser Berater waren nur für einen bestimmten Zeitraum engagiert, manche aber hielten nicht länger als ein Haarschnitt – aus verschiedenen Gründen. Sie alle jedoch hatten eins gemein: Wenn Sie H&B den Rücken kehrten, ließen sie natürlich halb umgesetzte Pläne und Prozesse zurück, die dann die nächste Person versuchte, wieder aufzumotzen. Und so drehte sich das Hamsterrad und wurde dabei ein noch teureres, vertrackteres Chaos.

Im Gegensatz zu vielen ihrer Vorgänger kamen Niosha und Noelle nicht zu uns und wollten sofort einen Haufen Veränderungen anleiern. Ja, klar, sie machten sich ans Werk, halfen hier ein wenig, änderten da ein wenig an den offensichtlicheren Problemen, aber sie nahmen sich meist eher die Zeit, um unsere Arbeitsprozesse kennenzulernen.

Ich war ein wenig nervös, als ich mich mit Niosha und Noelle für »die Intervention« hinsetzte, wie wir sie heute nennen.

Sie kamen gleich zur Sache:

»Eins vorweg: Wir haben keine Ahnung, wie Sie sich noch auf den Beinen halten können. Seit nun fünf Jahren rennen Sie bei voller Geschwindigkeit und mit gesenktem Kopf umher, versuchen, dieses Ding hier zum Wachsen zu bringen, und das fast allein. Schon die Tatsache, dass Sie es so weit geschafft haben, als Einzelkämpferin, ohne Finanzierung oder Ressource von außen, und auch ohne Schulden – es grenzt an ein Wunder, dass Sie noch leben. Allerdings ändert das nichts an der Tatsache, dass es so nicht weitergehen kann. Ein Großteil der Last liegt auf Ihren Schultern, was sich langsam in Druck verwandelt, was sich wiederum in ein nicht allzu ideales Arbeitsumfeld verwandelt. Wollen Sie wirklich, dass in Ihrem Unternehmen ein Haufen Menschen sitzen, die nicht gern hier arbeiten? Oder möchten Sie daran etwas ändern?«

Es waren sicherlich auch Komplimente dabei. (Sie waren schließlich beide gut in ihrem Job und wussten es besser, als mein Selbstbewusstsein völlig in den Boden zu stampfen, bevor sie mir ihre konstruktive Kritik unterbreiten wollten.) Aber sie mussten auch alle Beobachtungen loswerden, was WIRKLICH bei H&B los war und warum meine Mitarbeiter so verärgert waren. Ich saß da, hörte ihnen zu und weinte.

»Ja, Sie haben recht, es muss sich etwas ändern«, erwiderte ich mit Tränen in den Augen und schniefend. »Ich bin müde, frustriert und habe keine Kraft mehr. Jeder Tag ist eine absolute Herausforderung,

Drei Sachen, die in meinem Unternehmen passierten (von denen mir nicht alle bewusst waren)

① Ein Mangel an Transparenz bei der Buchhaltung bedeutete, dass ich nicht wusste, wie zahlungsfähig wir waren.

② Es herrschte ein Gefühl der mangelnden Wertschätzung, während parallel kontinuierlich der Feueralarm ging; ich hatte gedacht, dass sich die Leute wertgeschätzt fühlen würden, wenn ich ihnen so Sachen wie den 401k-Plan oder die Krankenversicherung bieten würde, aber dem war nicht der Fall.

③ Manche Menschen wollten keine Veränderung, auch wenn wir neue Prozesse einführten, weil es für sie einfacher war, alles so zu belassen, »wie es schon immer war«.

und es fühlt sich so an, als würden wir nicht alle in dieselbe Richtung rudern.«

»Die Hälfte der Zeit habe ich das Gefühl, Sie könnten einfach eine Umarmung gebrauchen«, sagte Noelle zu mir. »Aber dann bin ich mir nicht sicher, ob Sie das überhaupt mögen würden.«

»Ich liebe Umarmungen ...«

Mit einem herzhaften Lachen durchbrachen wir so die Spannung im Raum und konnten uns an die wichtigsten Punkte machen, die angegangen werden mussten.

Ich arbeitete nun Woche für Woche mit einer brandneuen Führungskräfte-Trainerin an dem sehr unsexy (aber umso wichtigeren) Thema der Kommunikation zwischen den Abteilungen und dem Beziehungsaufbau. Sie hatte mein Personal schon in persönlichen Gesprächen vorher kennengelernt.

Ich musste daran arbeiten, wie ich mein Team managte und Aufgaben delegierte.

Das hieß, einen Moment innezuhalten, anstatt sofort das Problem anzugehen und somit alle zu involvieren. Wir konnten nicht mehr für jede Problemlösung alle an Bord holen. (Die Mitarbeiter liefen dann wie verrückt umher, versuchten ihr Bestes mit den wirklich besten Intentionen, aber unterbrachen so nur noch mehr die Abläufe.) Das hieß, ich musste bei einer Panne mit den Mitarbeitern einzeln und persönlich reden statt vor versammelter Mannschaft. Es hieß aber auch, dass ich direkter kommunizieren musste, was ich wann erwartete, und ich musste sicherstellen, dass die Mitarbeiter sich regelmäßig meldeten und Bescheid gaben, wenn sie eine Deadline absehbar nicht schaffen konnten, damit wir weniger schlechte Überraschungen in letzter Sekunde erlebten. Das hieß, wir mussten professioneller arbeiten, mit weniger Emotionen und dafür mit mehr Verantwortung für alle. All das zusammen führte dazu, dass wir unsere Emotionen aus der Arbeit heraushalten konnten und – auf beiden Seiten – eine klare Erwartungshal-

EIN FAHRENDES AUTO KANN NICHT REPARIERT WERDEN

tung bezüglich unserer jeweiligen Rollen entwickelten. Meine Coachin brachte mir vor allem bei, wie ich einen Moment innehalten, besonders wenn es hoch herging, und die Sachen aus anderen Augen betrachten konnte. Sie wies mich darauf hin: Unsere Wahrnehmung von etwas kann sich verändern, wenn wir es aus dem Blickwinkel von jemand anderem betrachten. Und nur weil man etwas gesagt hat, heißt das noch lange nicht, dass die andere Person das auch so gehört hat.

RUMS!

Die erste Zeit war das schwierig. Es fühlte sich an, als müsste ich das Laufen und Reden neu lernen. Und es kostete mich Monate, bis ich die ersten Veränderungen sehen konnte. Während dieser Monate saß meine Trainerin mit mir im Büro und bereitete mich auf jedes einzelne persönliche Gespräch mit meinen Mitarbeitern vor. Es sollte nicht lange dauern, bis ich auch schwierigere Gespräch führen musste.

Etwa zur gleichen Zeit erfuhr ich, dass U2 nach LA kommen würden. H&B war damals ein Markenbotschafter für die Aids bekämpfende gemeinnützige Organisation (RED), und wir hatten die Ehre gehabt, eine besondere Schürze für sie zu entwerfen, deren Verkaufserlöse ihrer Arbeit zugutekam. Und da U2 jede Menge gute Arbeit mit dieser Organisation zusammen machte (Bono hatte sie schließlich ins Leben gerufen), schenkten sie uns einige Tickets. Das ist eine super Gelegenheit, um der Moral hier etwas Auftrieb zu geben, dachte ich! Ich kaufte zwei weitere Tickets und gab einer Handvoll Menschen, denen ich für ihre Arbeit im letzten Monat – in dem wir eine personelle Umstrukturierung angegangen waren – danken wollte.

Das Problem dabei war leider, dass der Rest der Mitarbeiter nicht verstand, warum ihnen nicht gedankt wurde. Als U2 dann in der Stadt war, wurde es tatsächlich krass: Es hagelte Kritik von Mitarbeitern, die verunsichert waren von der Umstrukturierung und das Gefühl hatten, das Konzert sei eine Begünstigung Einzelner. Eine der Mitarbeiterinnen zeigte ihren Unmut, indem sie ein wenig verrückt spielte.

Trotz der Unterstützung meiner Trainerin und meiner Helfer hoch droben brauchte ich einen Moment, um für mich herauszufinden, was ich tun musste – sechs Tage, um genau zu sein.

Dann endlich verstand ich, dass ich darüberstehen musste, dass ich die CEO sein musste, also schrieb ich der Mitarbeiterin eine Nachricht: *Hey, ich würde mich gern mit dir zusammensetzen und reden. Lass uns mal treffen.*

Meine unglückliche Mitarbeiterin und ich trafen uns also in einem kleinen Thai-Laden für eine gemeinsame Mahlzeit. Ich kam gerade von einem Spinning-Kurs im Fitnessstudio, mein Gehirn lief also auf Hochtouren. Und ich blieb bei der Sache, indem ich im Kopf kontinuierlich ein coachartiges Mantra wiederholte: *Ich werde einfach zuhören. Ich werde ihr als Mensch zuhören, nicht als meine Mitarbeiterin.* Diese Einstellung erlaubte es mir, mein Ego und die Emotionen, die in Verbindung mit unserer letzten Auseinandersetzung standen, im Auto zu lassen.

Statt ihr einfach etwas über irgendetwas zu erzählen, begann ich das Gespräch mit einer Frage.

»Wie geht's dir? Wo steht dir der Kopf?«

Die Antwort darauf schoss aus hier heraus wie ein geölter Blitz. Inmitten ihrer ehrlichen und aufrichtigen Erklärung darüber, wie sie sich gerade fühlte, wurde mir bewusst, dass sie einiges aus der kürzlichen Umstrukturierung falsch verstanden hatte. Ich ging sie nicht für das Missverständnis an oder nahm es persönlich (was ich – aber hallo! – noch vor dem Coaching gemacht hätte). Stattdessen hörte ich ihr zu und merkte mir ein paar inakkurate Details für später. Ich sprach aber kein Sterbenswörtchen, bis sie sich nicht alles von der Seele geredet hatte.

»Ich kann deinen Standpunkt total nachvollziehen«, erwiderte ich. »Ich möchte dir hier nur ein wenig Kontext bezüglich einiger Punkte, die du erwähnt hast, geben, damit du verstehst, was da passiert ist.«

Ohne jegliche unnötige Information oder einen Betonblock aus Groll auf meinen Schultern lieferte ich ihr ein paar mehr Informationen. Und so konnte sie sich ein vollständiges Bild von der Situation machen.

»Oh!«, rief sie aus. »Ich glaube, na ja, früher hättest du mich um Hilfe gebeten, aber das hast du nicht gemacht. Sondern dich stattdessen auf die jeweilige Abteilung konzentriert. Und hast deswegen speziell nur die Leute zu dem Konzert eingeladen – und ich verstand einfach nicht, warum.«

Die noch im Werden befindliche Ellen atmete tief durch und antwortete: »Ich verstehe dich vollkommen, aber auch an dieser Stelle möchte ich dir ein wenig Kontext über die tatsächlichen Abläufe mit auf den Weg geben.«

Im Verlauf unseres gemeinsamen Essens hatte sich ihre Denkweise aus ihrem eigenen Antrieb um 180 Grad gedreht. Sie ging nun mit mir in dieselbe Richtung und somit mit unserem Team. Außerdem hatte ich für mich eine positive Bestärkung erlebt, weil ich ein Gespräch außerhalb meiner Komfortzone überlebt hatte und nun wusste, wie viel ein solches Gespräch wert war. Das inspirierte mich dazu, mich auch zukünftig zu trauen, mich meinen Mitarbeitern gegenüber verwundbarer zu zeigen.

Am Abend nach diesem ersten zwischenmenschlichen Durchbruch bereitete mich meine Coachin auf weitere Gespräche dieser Art vor. Zwei Jahre später sind diese Techniken nicht nur das Salz meiner beruflichen Erde, sondern auch das Fett, die Säure und die Hitze geworden. Das macht sich allein schon daran bemerkbar, dass ich nicht mehr jeder Situation sofort an den Hals springe, selbst wenn die Spannung oder die schlechten Gefühlte unter der Oberfläche deutlich spürbar sind. Stattdessen versuche ich, kurz innezuhalten, um mir klarer darüber zu werden, was gerade tatsächlich passiert – und wie ich es am besten angehen sollte. Manchmal konferiere ich zuerst mit meiner fantastischen HR-Zuständigen, um sicherzustellen, dass ich alle Aspekte der jetzt gerade akuten Mitarbeiter-Chef-Beziehung auf dem Schirm habe.

Das Salz, das Fett, die Säure und die Hitze meiner professionellen Herangehensweise

→ Ein Gruß an dieser Stelle an die großartige Samin Nosrat, die alles für uns heruntergebrochen (und den Ausdruck »Salz, Fett, Säure, Hitze« geprägt) hat.

● **Zusammenarbeit** ist eine große Prise **Salz**.

● **Wiederholung** ist der Spritzer **Säure**. Man muss so oft ein klein wenig Säure hinzufügen, bis die Menge stimmt.

● **Lernbereitschaft** und niemals zu behaupten, man wisse alles, ist die **Hitze**. Man muss es grillen, kochen, backen, toasten und niemals aufhören zu lernen, wie man die Hitze händeln muss.

● **Beharrlichkeit** ist das **Fett**.

Dann suche ich mir ein wenig stressfreie Zeit für mich allein und den betroffenen Mitarbeiter und beginne das Gespräch immer, immer, immer mit der Nachfrage nach dessen Gefühlen und Gedanken. Ich höre zu, höre richtig zu, frage nach Präzisierungen, gehe sicher, dass ich alles Gesagte verstanden habe und auch weiß, was von mir nun erwartet wird. Diese Gespräche können daher mit diesen Schritten bei allen Streitpunkten auch mehrere Stunden dauern. Sie zehren immer immens an mir. Aber in dem Moment selbst bin ich einfach da, bin präsent und konzentriere mich auf ein positives Ergebnis für den Angestellten, mich und für H&B. Ungelogen: Diese schwierigen Gespräche mögen zwar einfacher werden, aber niemals einfach. Aber dennoch ist das genau der Grund, weshalb ich tue, was ich tue: um wirklich mit Menschen in Verbindung zu treten, sowohl mit meinen Kunden als auch meinem Personal, und um ihre Leben hoffentlich etwas besser zu machen.

● ● ●

NATÜRLICH IST ES mit Menschen innerhalb des Unternehmens um einiges emotionaler und schmerzhafter als bei unzufriedenen Kunden, und mögen wir noch so sehr bemüht sein, an allen Fronten zu glänzen. Beziehungen zu beenden, war schon immer eine schwierige Kiste für mich, vielleicht weil ich in meinem Leben bereits so viel Verlust erleiden musste, als Kind während eines WIRKLICH hässlichen Scheidungskriegs meiner Eltern und auch als Unternehmerin. Daher hatte ich immer das Bedürfnis, alle um mich herum bei mir behalten zu wollen, selbst wenn es offensichtlich geworden war, dass dies nicht mehr im Interesse aller war. Zum Beispiel nahm ich es zu Beginn von H&B immer persönlich, wenn es mit einem Mitarbeiter nicht klappte – es fühlte sich jedes Mal an, als hätte ich als Mensch versagt, als würde die Welt um mich herum deswegen zusammenbrechen.

Es machte das Ganze nicht einfacher, dass im Vorfeld der großen Intervention 2018 die Anforderungen auf mich einprasselten wie das Wasser aus einem Feuerwehrschlauch, der mir direkt ins Gesicht gehalten wurde. Indes hatte ich viele unglaublich loyale, talentierte Mitarbeiter an meiner Seite, aber sie waren fast alle noch so grün hinter den Ohren wie ich, sie waren so früh mit an Bord gekommen, weil sie sich mehr für das Abenteuer und das Warum des Jobs interessierten als für ihre Vergütung. Ich wusste, dass wir mehr Hilfe brauchten, auch bevor mir die Menschen es aufzeigten. Aber ich rannte immer noch weiter vor mich hin – sogar noch mehr als zuvor –, jetzt, da noch mehr Verantwortung inner- und außerhalb der Lagerhalle auf mir lastete.

Sobald wir angefangen hatten, mich mithilfe meiner Trainerin und H&B mithilfe einer personellen Umgestaltung zu verbessern, wurde alles noch realer als je zuvor. Ich erkannte an, dass ich mich nicht mehr charmant durch jede Situation mogeln oder in letzter Sekunde noch Wunder vollbringen konnte wie am Anfang von H&B. Ich brauchte neue helfende Hände und musste den dazugehörigen Prozess mit offenen Armen begrüßen.

Wir hielten lang genug inne, um bei jedem einzelnen Mitarbeiter im Unternehmen herauszufinden, ob die Person wirklich oder weniger gut passte – zu uns, aber eben auch für ihre Rolle bei uns. Wir machten etwas, das mir noch kurz vorher Herzrhythmusstörungen verursacht hätte: Wir planten die nächsten Jahre von H&B durch und gaben den Menschen so eine Gelegenheit, sich zu überlegen, ob sie sich zu diesem zukünftigen Wachstum und den Veränderungen verpflichten wollten – oder nicht, sodass sie, falls Letzteres der Fall war, einen Plan für den Über- und Weggang gestalten konnten. Wir mussten zudem ein paar strategische Entscheidungen bei unserem Personal treffen, was auch trotz der Unterstützung, die ich damals bekam, wirklich immens schwer für mich war. Aber ich hatte die Weisheit in der Tatsache erkannt, dass es wirklich allen Beteiligten half, wenn man einem Mitarbeiter auf seinem Weg weiterhalf, auch wenn dieser aus dem Unternehmen führte.

Auch wenn ich inzwischen lange nicht mehr so emotionsbeladen bei dem Prozess bin wie früher, fühle ich mich doch immer noch unwohl, wenn ich mich mittendrin befinde. Aber ich habe akzeptiert, dass dies einfach ein Aspekt des Unternehmertums ist, so wie man eben auch seine Prozesse oder seine Handlungen optimieren muss – manche Menschen passen wie die Faust aufs Auge, manche nicht, und das ist völlig in Ordnung. Ich habe für mich herausgefunden, dass etwas, was getan werden muss, nicht vermieden oder verschoben werden sollte. Aber ich mache eben auch nichts mehr in einem Moment, der emotional aufgeladen ist. Das Gespräch, wenn ein Mitarbeiter eben nicht ins Unternehmen passt, muss ebenso geplant und choreografiert werden wie Einstellungsgespräche.

Mein Leben verbesserte sich schlagartig, nachdem ich realisiert hatte, dass es manche Menschen wert waren, bis ans Ende der Welt für sie zu gehen, aber dass Business eben Business ist und dass ich persönlich Freundschaften davon trennen musste, wie eben auch die Emotionen und die Tatsache, dass ich Dinge persönlich nahm. Viele wirklich tolle Menschen sind schon durch die Türen von H&B gelaufen, haben ihre Schuldigkeit getan, ihre Spuren hinterlassen, um dann weiterzuziehen, und das ist der natürliche Lauf der geschäftlichen Dinge – nur die wenigsten würden sich so sehr reinhängen wie ich.

Wie meine Trainerin mal zu mir sagte: »Ihr Unternehmen ist wie ein Bus auf einer langen Reise, es ist also völlig normal, dass manche Menschen den Bus an einer Haltestelle besteigen, andere an einer anderen wieder aussteigen.« Das zu normalisieren und so Menschen den nötigen Raum für Wachstum und Weiterentwicklung zu geben, sie also auch wieder ziehen zu lassen, war ein Teil der Reise. Es bedeutete nicht, dass sie, das Unternehmen oder ich deswegen weniger wert waren. Es war einfach ein Teil des Wegs nach vorn. Und inzwischen geht's auch mir damit gut.

9

Führe
deine
Mitstreiter

➡️ **Seit meiner frühen Kindheit, seit der Scheidung meiner Eltern, hatte ich mir geschworen, dass ich das Heft in der Hand halten und niemals von jemandem abhängig sein würde.**

Den größten Teil meines Lebens war ich wie ein selbstständiger Feuerwehrschlauch, allerdings mit Überdruck. Ich habe mich durch meine Teenagerzeit, meine Zwanziger und die Anfangszeit von H&B geschoben, gekratzt und geschrammt. Ich habe mein Wissen genutzt, mich durchgewurschtelt, wenn ich es nicht wusste, bin dabei spektakulär baden gegangen, aber habe mich immer wieder dazu gezwungen aufzustehen, es erneut zu versuchen und meinen Traum nach vorn zu treiben.

Das funktionierte so lange super, bis es das nicht mehr tat.

Ich hatte diesen komischen, manchmal unbequemen Status erreicht, wo ich die Chefin war. Es war nun meine Verantwortung, mein Team vor den Problemen und Wachstumsschmerzen von H&B zu beschützen, damit sie sich auf ihre Aufgaben konzentrieren konnten. Ich war außerdem der Quell des Safts der Kreativität, und auch wenn das einer meiner liebsten Aspekte meines Jobs war, so haben wir doch alle nur eine bestimmte Menge an Ideen in unserem Gehirn, bevor wir den Quell ab und an wieder befüllen müssen.

Ich begriff es damals noch nicht, aber ich lief im Überlebensmodus, und das große Ganze litt darunter – in meinem Unternehmen und meinem Leben. Ich habe aus erster Hand mitbekommen, wie schnell man in seinen alten Gewohnheiten des Denkens und Seins stecken bleibt, ohne dabei zu verstehen, dass sie nicht mehr zum neuen Umfeld oder den Gegebenheiten passen. Dieser unermüdliche Trieb, der dir dabei hilft, ins Unbekannte zu springen, durchzuhalten, auch wenn du kein Licht am Ende des Tunnels sehen kannst, und Lösungen zu verwirklichen, wo andere nur Probleme sehen, hat auch seine Schattenseite: Manchmal kannst du einfach nicht aufhören. Und manchmal bist du einfach nicht gut darin, Hilfe oder Input von anderen anzunehmen. Und das, obwohl es – wie ich auf viele verschiedene Arten nun zu lernen begann – deine Kreativität tatsächlich nur beflügelt, sie auf zu neuen Ufern führt und dir bei deinem

Wachstum hilft, wenn du dich mit Gleichgesinnten zusammentust, die andere Stärken mitbringen als du.

Selbst als wir das Team so weit mit weiteren qualifizierten Leuten vergrößert hatten, damit alles rechtzeitig erledigt werden konnte, und wir unser neues wunderbares Hauptquartier eingerichtet hatten, war ich noch immer mit Vollgas dabei. Aber zum Glück stellte ich immer wieder fest, dass es ein paar handverlesene Menschen um mich gab, die nachvollziehen konnten, was ich durchmachte – einige gleichgesinnte Träumer und Macher, die ich unbewusst auf meiner Reise eingesammelt hatte. Wir zogen uns irgendwie gegenseitig an wie ein Tennisschuh den Kaugummi. Und während ich damit kämpfte, das größer werdende Heft von H&B in der Hand zu behalten, ertappte ich mich immer öfter dabei, dass ich ihre Nummern in meinem Kurzwahlmenü heraussuchte.

Ich hatte schon festgestellt, dass mein Alltag eine ganze Spur besser geworden war, damals existierte H&B seit gut einem Jahr, als die Designerin Joy Cho von Oh Joy! mit ihrer Tochter in meinem Büro vorbeischneite. Der Plan lautete, dass sie Mutter-Tochter-Schürzen designen und einen Artikel auf ihrem Blog über meine Schürzen veröffentlichen würde. Sie sollte später eine meiner besten Freundinnen und meine Brautjungfer bei meiner Hochzeit werden. Ich fand heraus, dass ich mit ihr eine Menge der Kopfschmerzen verursachenden Probleme besprechen konnte, die nur eine andere Gründerin nachvollziehen konnte. Sie verstand es einfach. Ich begriff erst langsam, wie einsam ich gewesen war und wie sehr ich mich nach Menschen gesehnt hatte, die die Anstrengungen verstanden, je mehr sie sich zu meiner ersten und wichtigsten Anlaufstelle für Ratschläge während allermöglichen Shitstorms entwickelte. Ich hatte jemanden gebraucht, der verstand, wie berauschend und beängstigend und anstrengend es war, wenn man jeden Cent selbst verdienen und bezahlen musste, wenn jede Entscheidung das eigene Gehirn durchlaufen musste und wenn manchmal gefühlt, irgendwie, das Versagen den Erfolg überwog.

Ich machte mir viel bewusster, mit wem ich mich umgab, und zog mir meine Crew heran. Sobald ich eine großartige Gründerin oder einen Gründer traf, die oder der das verstand, was ich vielleicht durchmachte, hängte ich mich an ihre oder seine Waden wie ein Klammeräffchen. Bald hatte ich eine Truppe aus Gründern, wie Jeni Britton Bauer von Jeni's Splendid Ice Creams, Bobby Kim von The Hundreds, Chelsea Shukov von Sugar Paper, Alli Webb von Drybar, Ali Cayne von Haven's Kitchen, Clare Vivier von Clare V., Christina Stembel von Farmgirl Flowers und Iva Pawling von Richer Poorer, um mich versammelt. Und da war er: der Rettungsanker aus Gleichgesinnten, aus Gründern, die sich zumeist auf anderen Entwicklungsebenen befanden als ich, was irre hilfreich sein konnte. Auch wenn ich sehr viel von ihnen lernte, sah ich unsere Gespräche nicht als Unternehmensaufbau an, weil wir einfach wahnsinnig viel Spaß zusammen hatten und auf einer so tiefen Ebene miteinander verbunden waren.

Such dir Gleichgesinnte, die auf ihrem Weg schon weiter sind als du. Sie werden dafür sorgen, dass deine Träume wachsen und dass du dich selbst aus deiner Komfortzone heraustraust, weil sie dir zeigen, was möglich ist. Teile also mit ihnen, wo du dich auf deiner Reise gerade befindest, und höre dann genau zu, wenn sie ihre Geschichten erzählen. Es gibt unfassbar viel zu lernen von denen, die es bereits hinter sich haben.

Die Person, die den Weg schon zurückgelegt hat

Welche Person um dich herum versteht es einfach? Du fühlst dich erleichtert und verstanden, wenn sie da ist. Dann kannst du die Mauern fallen lassen und dich verletzlich fühlen. Du musst dein Ringen nicht groß erklären oder warum etwas nicht so funktioniert, wie es soll. Sie wissen es einfach. Diese Menschen solltest du unbedingt mit einer Kurzwahl abspeichern: 0800-HIIIILFEEEE!

Ich habe mich in (meinen nun auch Ehemann) Casey verliebt, weil er immer die Ruhe in meinem Sturm ist, aber dennoch einer der kreativsten Köpfe und, als Sahnehäubchen, zudem einfach ein perfekter Zuhörer. In der Anfangszeit von H&B, die gleichzeitig auch die Anfangszeit unserer Beziehung war, nutzte ich ziemlich oft meine zwei Geheimwaffen: Casey und unsere Badewanne. Ein Abend nach dem anderen suhlte ich mich im Badeschaum und redete mir laut schluchzend den Kummer von der Seele. Casey saß währenddessen neben der Wanne, um mir zuzuhören, wenn ich mich über die Ereignisse des Tages oder der Woche ausheulte. Irgendwann war ich dann endlich leer geredet und geweint und bereit fürs Bett. Casey coachte mich durch viele Nervenzusammenbrüche, aber mehr als das ließ er es zu, dass ich alle meine Gedanken und Gefühle aus mir raussprudeln lassen konnte, die sich im Laufe des Tages angesammelt hatten.

Zufälligerweise gibt er aber auch noch wirklich gute Ratschläge. Casey ist ein Erschaffer: Er hatte das Magazin *GOOD* gegründet und bereits mehr als ein Jahrzehnt lang geleitet, als wir uns kennenlernten. Er konnte, darin waren wir uns ähnlich, einen Raum anschauen und sich die unzähligen Möglichkeiten darin vorstellen. Ich musste mich ihm gegenüber also nie erklären oder ihm meine Vision, oder auch mich selbst, nie nahebringen. Und da ich zu diesem Zeitpunkt seit einem Jahr in Bezug auf H&B ohne Pause auf vollen Touren lief, war es eine immense Erleichterung, diese Art der Synchronizität zu

> Wer aus deinem Netzwerk kann dir bei Schwierigkeiten mit Rat und Tat zur Seite stehen? **An wen kannst du dich wenden, wenn etwas schiefgeht?** Das sind die Beziehungen, die du pflegen musst.

finden. Ich war wie ein Feuerwerk an Ideen und Energie, das man nicht abstellen konnte, und er war wie ein Ideenautomat, in den man für das perfekte Konzept oder die perfekte Lösung nur eine Münze werfen musste.

Was du am meisten von deinem Netzwerk brauchen wirst und auf das du dich verlassen können musst, ist Unterstützung.

Mit H&Bs Wachstum kamen auch neue Herausforderungen auf mich zu. Im Gegensatz zu der Anfangsphase hatte ich jetzt weitaus größere Chancen und Fragen zu überdenken, die auf direktem Weg die Zukunft des Unternehmens beeinflussen würden. Aber meistens war ich schon so beschäftigt damit, die Führung zu übernehmen, während ich mich zeitgleich um den Orkan an Problemen kümmerte, die meine Stelle als CEO mitbrachte, dass weniger mittelbare Probleme oft ans untere Ende meiner To-do-Liste rutschten – und somit niemals angegangen wurden.

Bis ich dann, Anfang 2017, als ich so überfordert war wie noch nie, genau das bekam, was ich gebraucht hatte, ohne es jedoch zu wissen: Ich lernte eine andere junge Gründerin kennen, Christina Stembel von Farmgirl Flowers aus San Francisco. Es klickte sofort zwischen uns, und wir schworen uns, wir würden in Kontakt bleiben. Allerdings ist es in solchen Fällen, vor allem bei zwei bis über beide Ohren

Von Ellen verehrte Gründer und Gründerinnen

→ Ich habe schon immer am besten gelernt, wenn ich selbst machen und anderen zuschauen und ihnen helfen konnte, während ich dabei eine Trilliarde Fragen stellte. Es war also eine ganze Armee an helfenden Händen nötig – all die Menschen, die mir mit Rat, Tat, Expertise und ihrem wertvollsten Gut, ihrer Zeit, beiseitegestanden haben. Im Folgenden also die Crème de la Crème der Menschen, die mir etwas erklärt oder beigebracht haben, das meine Herangehensweise am meisten entweder geprägt oder verändert hat.

Meine Abuelita, Isabel
(oder auch Chabelita, wie wir sie nannten)

Als Kind schaute ich ihr dabei zu, wie sie Kleidung in Tampico in Mexiko von Tür zu Tür gehend verkaufte, und lernte dabei. Alle begrüßten sie immer herzlich, diese Zündkerze positiver Energie. Es ging nicht darum, was sie verkaufte, sondern um die Beziehungen, die sie mit jedem einzelnen Kunden schmiedete. Es ging darum, wie gut sich die Menschen dank ihr fühlten.

Chefkoch/Miteigentümer **Michael Cimarusti**, und Miteigentümer/ Geschäftsführer **Donato Poto**, Providence

Sie brachten mir, indem sie mich in ihrem Zweisternerestaurant kochen ließen, nicht nur bei, dass man mit Menschen auch mal ein Risiko eingehen sollte, sondern sie zeigten mir mit ihrer zweiköpfigen, fast schon anmutigen Perfektion auch, wie wichtig es ist, jedem Detail die allergrößte ernst gemeinte Sorgfalt zu widmen. Wenn man dies tut und so bei der Arbeit sein Bestes gibt, inspiriert man seine Mitarbeiter und verbessert die Kundenerfahrung – einfach indem man jeden Tag der oder die Beste sein möchte.

Mein Onkel Ted
Inhaber von Tom's Toys, mit drei Standorten in Kalifornien

Einer meiner ersten Jobs – im Alter von 16 Jahren – war das Einpacken von Weihnachtsgeschenken im Laden in Beverly Hills. Onkel Ted ist so, wie ich als Unternehmerin immer sein wollte: fair, vertrauenswürdig, weitsichtig. Ihm geht es nicht um den kurzfristigen Erfolg, er baut langfristige Beziehungen auf und verdient sich das Vertrauen der Leute, sodass für sie irgendwann ein Handschlag vertragswürdig ist. Er erteilt großartige Ratschläge, wie: »Alles, was du tun kannst, ist, dein Bestes zu geben, und dann stolz auf das Erreichte zu sein.«

Cheffe Josef Centeno
Inhaber, Lazy Ox, Bäco Mercat, Orsa & Winston, Bar Amá, Amá Cita

Cheffe Josef lehrte mich die Macht eines Ja, als er mich trotz fehlender Erfahrung anstellte und mein erstes Schürzen-Trupp-Mitglied wurde. Er brachte mir dank seines eigenen fehlenden Egos und einem unfassbaren Arbeitsethos bei, wie man irgendwas und alles erledigt bekommen konnte. Er ist die perfekte Mischung aus Bescheidenheit und Charakterstärke, der es nachzueifern gilt.

Dana Cowin
Langjährige Redakteurin/ Herausgeberin von *Food & Wine*, Autorin, Radiomoderatorin

Es war eine riesige Sache für mich, als Dana sich für H&B einsetzte, und es wurde noch besonderer, als sie meine Freundin wurde. Ein weiteres Monstertalent, von dem ich lernen durfte. Ihr bei der Arbeit zuzuschauen, lehrte mich den Wert der Neugier, die Vorteile dessen, sich auf Erfahrungen zu stützen, und das Tolle an einer kontinuierlichen Leidenschaft fürs Lernen.

Martha Stewart
Autorin, Fernsehstar, Gründerin, Ikone

Es ist wohl nicht überraschend, wenn ich hier verrate, dass es eine riesige Sache für mich war, als die Chefin persönlich ihr Personal in all ihren Macy's Cafés mit H&B ausstattete. Und sie setzte noch eins drauf, als sie mir den folgenden Rat gab: Träume deine Träume möglichst groß und so fest du kannst und solange du kannst, bis du allein nicht mehr weiterwachsen kannst. Halte dein Unternehmen möglichst lange in deinen eigenen Händen. Und dann, aber erst dann, suchst du dir einen Partner oder eine Partnerin.

Martin Howard
Gründer und CEO von Howard CDM, Restaurantentwicklung und -bau

Ich lernte Martin kennen, als wir beide uns die Beine wund fuhren beim Chefs Cycle, einem Event gegen den Welthunger. Ich ermogelte mir einen Platz in seinem Windschatten. Bei ihm lernte ich, dass hypererfolgreiche Menschen möglichst viel in ihren Tag stopfen, schnellere Entscheidungen finden und das wirklich Wichtige (Familie, Menschenliebe, Ergebnisse) priorisieren.

Marty Bailey
Produktionsverantwortlicher bei American Apparel

Als wir das Hauptquartier für uns ergatterten und dort den Nähbereich einrichteten, gab er uns alle nötigen technischen Ratschläge, um es ordentlich zu machen. Und indem ich ihm bei der Arbeit zusehen konnte, lernte ich den Wert der einfachen, aber zeitlosen Grundlagen: Sage immer »Bitte«, »Danke« und »Was denkst du darüber?«. Gute Manieren bringen einen ganz schön weit.

Chefkoch Jonathan Waxman
Koch und Inhaber von Barbuto (NYC), Jams (NYC), Brezza Cucina (Atlanta), Adele's (Nashville)

Wie Chefkoch Cimarusti zeigte er mir, wie viel wert es war, für Exzellenz das eine My mehr zu machen. In ihm sah ich immer jemanden, dem seine Qualität wahnsinnig ernst war, egal, was er tat, und auch einen wirklichen Verbündeten, gleich vom schwierigen Beginn an. Bei jeder Eröffnung eines neuen Restaurants bezog er mich mit ein. Ich konnte beobachten, wie er seine vielen Köche (und mich) betreute, indem er uns die Chance gab, auch mal zu scheitern, aber weil wir ihn nicht enttäuschen wollten, passierte das nie. Und sobald wir uns das Recht auf mehr Verantwortung erarbeitet hatten, gewährte er sie uns.

Chefkoch Jonathan Benno
Früher bei The French Laundry, Daniel, Gramercy Tavern, Per Se, Lincoln Ristorante, aktuell Eigentümer von und Koch bei Leonelli Focacceria und Leonelli Taberna

Von Chefkoch Benno habe ich durch Beobachtungen lernen können, dass es niemals so etwas wie einen Erfolg über Nacht gibt. Es zählt immer nur die harte Arbeit, das Lernen, Ausprobieren, Wachsen, Weiterentwickeln und das Drehen. Und es geht immer auch darum, zurückzugeben. Er ist ein sehr guter Netzwerker in der Gastrobranche und hat mir gezeigt, wie befriedigend das sein kann.

Chefkoch Marc Vetri
Inhaber von und Koch bei Vetri Cucina, Pizzeria Vetri, Gründer vom Great Chefs Event und der Benefizstiftung Alex's Lemonade Stand Foundation

Wie bei vielen andere Köchen, die ich als meine Mentoren bezeichnen darf, hat mich Chefkoch Vetri eine Menge über Exzellenz und harte Arbeit gelehrt. Aber das Wichtigste, was ich von ihm mitnahm, war die Tatsache, dass man immer über wohltätige Bemühungen etwas zurückgeben sollte, und nicht nur, indem man Geld spendet, sondern auch seine Zeit und indem man mit dem Herzen dabei ist. Ich sah bei ihm, der zusätzlich drei Kinder hatte, und seiner Emsigkeit, dass es keine Ausrede gab, warum man nicht noch mehr geben sollte. Daher ist es eine große Ehre, dass wir seit der Gründung von H&B jedes Jahr die Schürzen für seine Events spenden.

Jon Levine
Unser externer Berater, der zum CMO und Beistand wurde

Er kam bei uns an, glaubte an H&B, arbeitete sich neben mir den Hintern platt,

um die Veränderungen zu implementieren, um H&B auf so vielen Ebenen professioneller werden zu lassen. Er war ein grundlegender Bestandteil unserer Reise, von den unternehmerischen Kinderschuhen bis hin zum Erwachsenwerden in der nächsten Phase. Wenn etwas unmöglich schien, half er uns, einen Weg dorthin zu finden.

Denyelle Bruno
Vorsitzende und CEO von Tender Greens, leitete vorher Drybar und etablierte den ersten Apple Store

Als ich versuchte, mich beim Thema Personal zurechtzufinden, brachte sie mir bei, wie man einen Mitarbeiter nett, aber bestimmt entlässt, was zweifellos zu den schwierigsten Aufgaben eines Chefs gehört. Inmitten der Coronapandemie, als es sich anfühlte, als würde die Welt zusammenbrechen, rief ich sie an und sie sagte zu mir: »Du musst jetzt führen. Du bittest die Menschen nicht um Vorschläge, sondern sagst ihnen genau, was zu tun ist. Sie brauchen jetzt deine Führung, deine direkten Ansagen darüber, was jetzt passieren muss, damit die Veränderungen angegangen werden können. Jetzt. Hör auf, darüber zu reden, mach es einfach.«

beschäftigten CEOs, manchmal schwierig, diesem Schwur auch treu zu bleiben. Aber wie du bereits weißt, glaube ich fest daran, dass man sich die guten Leute beibehalten sollte. Außerdem, denke ich so im Nachhinein, hatten wir beide einen dringenden Bedarf nach genau so einer Verbindung und dem, was wir daraus ziehen könnten.

Sie hatte schon länger über die Idee nachgedacht, sich ein Wochenendhaus zu mieten, als ihren ganz eigenen Minirückzugsort oder für Strategiesitzungen. Und sie lud großzügigerweise mich und eine weitere Gründerin (und eine meiner besten Freundinnen und liebsten Menschen), Chelsea Shukov von Sugar Paper, ein, mitzukommen. Wir brachten alle das mit, was wir anzubieten hatten: Christina ihr Haus, gefüllt mit einem Haufen wunderbarer frischer Blumen, Chelsea eine reichliche Menge an fabelhaften Papierprodukten aus ihrem Unternehmen, und ich packte meine Speisekammer ein und kochte für alle. Außerdem steckte ich noch meine liebsten riesengroßen Post-its ein, weil man auf ihnen wunderbar Ideen aufschreiben und richtig visualisieren kann. Wir blieben von Freitagabend bis Sonntagnachmittag. Aber in diesen 40 Stunden sammelten und beredeten wir eine unfassbare Menge an großartigen Ideen. Unsere Unternehmen mochten sich zwar in völlig unterschiedlichen Branchen und auf sehr verschiedenen Wachstumsebenen befinden, aber wir fanden den Weg, bei dem wir uns am besten gegenseitig unterstützen und helfen konnten.

Im Verlauf des Wochenendes hatten wir alle drei jeweils eine tiefergehende Analyse gemacht und unsere wichtigsten Prioritäten für das kommende Jahr nicht nur gesetzt, sondern auch gelistet. Dabei gab es bestimmte Umsatzziele, auch die wurden festgehalten. Wir befragten einander, um herauszufinden, was passieren musste, damit diese Benchmarks auch erreicht werden konnten. Wir hatten alles aufgeschrieben, damit wir uns im Lauf des Jahres gegenseitig zur Verantwortung ziehen und sie beim nächsten Treffen im kommenden Jahr wieder mitbringen konnten. Ich habe die Zettel von beiden

Sitzungen noch hier, und sie waren ein Quell der Inspiration, wirkten Wunder für meine Konzentration auf das große Ganze, das sonst gern im Alltagschaos als CEO untergegangen wäre. Diese Gespräche hatten zudem eine immens heilende Wirkung. Man fühlt sich oft einsam, wenn man die Verantwortung für etwas trägt, und da ist es einfach wachrüttelnd und hilfreich, wenn man Zeit mit Menschen verbringt, die GENAU wissen, was man gerade durchmacht. Außerdem ist es ein super Weg, um bestimmte Ressourcen miteinander zu teilen.

Ich muss Christina also dafür danken, dass sie mich überhaupt auf den Trichter eines Retreats gebracht und alles organisiert hat. Beide Wochenenden zusammen waren wirklich verdammt unglaublich. Aber eins ist wichtig dabei: Es braucht dafür kein schickes, teures Airbnb oder einen ehemals professionellen Koch, der das Essen zubereitet, um das Retreat zu etwas Besonderem zu machen. Du musst dich nur mit mindestens einem gleichgesinnten Träumer und Macher für ein Wochenende einsperren und zurückziehen. Lasst euch nicht von den sozialen Medien ablenken oder der Pizzabestellung oder auch nur irgendeiner Nachfrage aus eurem Unternehmen. Stattdessen solltet ihr euch auf die Vogelperspektive konzentrieren, all eure Gedanken und Kreativität auf das große Ganze, auf dessen Bedürfnisse und eure Zukunftspläne richten. Das geht bei einem deiner Freunde zu Hause. Das geht im Garten. Aber richte deine Aufmerksamkeit nicht darauf, was du nicht hast, rede dich nicht raus damit, dass du nicht genug Zeit hättest. Wie ein Freund immer zu mir sagte: »Wenn du etwas erledigt haben willst, dann gib die Aufgabe einer beschäftigten Person.«

Diese Retreats haben mich einiges auf verschiedenen Ebenen gelehrt. Zuvorderst war mir das Bandenbilden eine wichtige moralische Unterstützung. Es erinnerte mich daran, dass ich mich keine Sekunde lang schuldig fühlen sollte, weil ich etwas nicht geschafft hatte. Es ist einfach, auf dieser Reise manchmal zu denken, dass man allein sei, vor allem wenn man das Schiff als Kapitän steuern soll. Es gab unzählige Momente, in denen ich dachte: *Warum ist das alles so verdammt schwierig? Warum muss ich damit so kämpfen? Liegt es an mir? Mache ich etwas falsch?* Aber hier hatte ich diese unglaublichen Frauen um mich, die sich einigen der gleichen Herausforderungen stellten. An diesem Punkt verstand ich, dass viele Menschen die gleichen Kämpfe ausfechten wie ich. Vielleicht weiß man das aber nur nicht, bis man irgendwann innehält und sich nach ihnen umschaut.

Es half mir außerdem beim Wachsen, und das auf Weisen, die mein normaler Alltag im Unternehmen niemals zulassen würde. Es schubste mich an neue Orte und erweckte neu Kreativität in mir dank der guten Beispiele der anderen Gründerinnen und ihrer vielen Wege, meine Sichtweise mit ihrem eigenen unkonventionellen Denken und ihren Problemlösungsansätzen auf ein völlig neues Niveau zu wuchten. Beeindruckenderweise gab es allerdings keinerlei Konkurrenzdenken, obwohl wir ja alle drei eher Formel-1-Autos ähneln. Ich fühlte mich danach nur angespornter, noch härter zu arbeiten und das Ganze noch weiterzutreiben – so wie sie es eben auch taten.

● ● ●

GELEGENTLICH KANN DER MEHRWEHRT eines Mentors oder Partners schlicht sein, dass sie dir helfen, zu erkennen, was du bereits weißt. Oder dir helfen, dich weniger schlecht zu fühlen. Oder dich an das große Ziel zu erinnern. Oder dir erklären, wie Mathe funktioniert. Mentorenschaft hat viele Gesichter. Es könnte dir sogar auf Arten helfen, die du dir jetzt noch gar nicht ausmalen kannst.

Ich glaube, es ist wichtig, in Erinnerung zu rufen, dass Mentoren nicht nur etwas für Neulinge sind. Wir treffen auf jeder neuen Lebensstation auf neue Herausforderungen und müssen neues Wissen erlangen. Es hat mich immer wieder überrascht, wie – irgendwie aus dem Nirgendwo – gefühlt jedes Mal die perfekte Person zum richtigen Zeitpunkt in mein Leben getreten ist, um mir den nötigen Rat zu geben. (Klar, ich scheue mich nicht, diese Leute auch zu treffen, das ist wichtig, logisch, aber ihr Timing war doch jedes Mal erstaunlich.)

Ich kämpfte 2019 mit einer schwerwiegenden Entscheidung, die ich seit meiner Gründung 2012 vor mir hergeschoben hatte: Sollte ich oder sollte ich nicht Investitionen von außen annehmen, um mein Unternehmen noch weiter wachsen zu lassen, als es das nur mit meinem Geld konnte? Ich traf eine Handvoll der Crème de la Crème der Unternehmerwelt – einige wirklich kluge, geniale, erfolgreiche Menschen, die alle möglichen spannenden, interessanten Visionen für H&B hatten. Ich nahm alles in mich auf. Ich sprach mit Casey darüber. Ich kaute die Möglichkeiten mit vielen meiner Mentoren, meinem Beraterstab und all meinen Gründerfreunden und -freundinnen durch. Aber ich war immer noch weit davon entfernt, mir im Klaren darüber zu sein, was das Beste für mein Unternehmen, für meine Angestellten oder für mich wäre.

Und dann lernte ich Rochelle Huppin kennen, eine Köchin und Gründerin – wie ich –, die Chefwear in ihren Zwanzigern gegründet hatte – wie ich! –, ein Unternehmen für die Ausrüstung für Köche. Unsere Erfahrungen waren sich so ähnlich, dass es fast schon gruselig war. Als wir uns zum Abendessen trafen, fühlte es sich ein wenig so an, als hätten wir die Matrix betreten, und auf einen Schlag konnte ich all die Fragen, über die ich die ganze Zeit gegrübelt hatte, mit ganz neuen Dimensionen und aus neuen Perspektiven sehen. Dabei war Rochelles Rat nicht besser als die Ratschläge der anderen, die ich schon bekommen hatte. Aber ich lernte hier aus erster Hand, wie es sich anfühlte, jemanden zu treffen, der den gleichen Weg bereits hinter sich hat, der GENAU weiß, was du meinst und was du durchmachst – mich durchströmte ein unfassbare Zufriedenheit und Ruhe. ENDLICH verstand es jemand, verstand mich, auf eine Weise wie noch niemand sonst auf diesem Planeten. Und da sie ihr Unternehmen seit drei JAHRZEHNTEN leitete, hatte sie eine Menge Weisheiten für mich in petto.

Während unseres ersten richtigen Treffens sagte sie zu mir: »Wenn es auch nur eine Sache gibt, die ich für dich tun kann, dann ist das, dir dieselben Fehler zu ersparen, die ich gemacht habe. Was geschehen ist, ist geschehen. Aber du kannst deinen Weg in die Zukunft dementsprechend anpassen. So oft ergaben sich mir Gelegenheiten, in denen ich mich hätte entscheiden oder große Sprünge wagen müssen. Ich aber machte es nicht, weil mir Menschen davon abrieten. Das bereue ich heute.«

Eins der größten Geschenke, die sie mir je gegeben hat, war, dass sie mich aus meinem kleinen Sandkasten holte und mir zeigte, wie viele Menschen sich da draußen befanden. Ich merkte, dass ich mich die meiste Zeit in einer kleinen Welt bewegt hatte, während es so viele unterschiedliche Menschen gab in völlig anderen Welten. Und sie zeigte mir, dass ich niemals zufrieden sein sollte mit dem, was direkt vor mir war, ohne nicht jede andere Alternative angeschaut zu haben.

Rochelle sagte mir nie, was ich zu tun oder zu denken hatte. Und meine Trainerin hatte mir in mein Gehirn geprügelt, dass man sich zwar externe Ratschläge holen, aber sein eigenes Denken niemals nach außen abgeben sollte. Ich wusste, dass die Entscheidung zur externen Investition meine war, und zwar nur meine. Das war eine Menge Druck. Rochelle erfüllte diese Rolle des Menschen, der mich wirklich verstand, der mir zuhörte, mich aber auch herausforderte. Solche Beziehungen sind das Wertvollste von allem, was wir je im Leben erreichen wollen. Wenn ich mir so die Kriegsschauplätze von H&B anschaue, dann schreibe ich eine Menge meines Durchhaltevermögens der Tatsache zu, dass ich, wenn ich mal eine Situation nicht händeln KONNTE, eine Menge kluger, erfahrener Gleichgesinnter um mich hatte, die mir dabei halfen, wieder Luft zum Atmen zu finden. Und wie mit allem in diesem Universum kann es für dich auch in diesem Bereich kein Ende geben. Ich treffe immer noch ständig neue Mitstreiter, die zu Freunden werden. Damit werde ich niemals aufhören, weil ein Abenteuer einfach immer besser ist, wenn man es zusammen erlebt.

10

VER
TRAUEN

➡ Dein Traum ist dein Baby. ABER: Alle Eltern arbeiten darauf hin, dass sie irgendwann die Stützräder abmontieren können.

Der Tag, an dem ich das Büro um 18:30 Uhr verließ, war einer der besten meines Lebens. Vor allem weil es nicht einfach irgendein normaler Tag war, sondern Black Friday, was eine Art Olympiade im Vertrieb ist – der Tag nach Thanksgiving, wenn die meisten Läden immense Rabatte anbieten, somit immense Verkäufe generieren und einen völlig verrückten Start in die Weihnachtszeit vorlegen. Zudem wäre es die Untertreibung des Jahrhunderts, wenn ich sagen würde, dass die vergangenen Black Fridays für uns eher holprig verlaufen waren. Dass sich also genau an einem solchen Tag die harte Arbeit, der demütige

Enthusiasmus, die schwierigen Gespräche und die Kollaborationen hin zum großen Ganzen auszahlten, war einfach unglaublich. Es war bei Weitem nicht alles perfekt, klar, aber es fühlte sich das erste Mal so an, als würden wir alle in dieselbe Richtung laufen.

Dank einer ganzen Reihe von Experimenten hatte ich herausgefunden, dass alle Verbesserungen in einem Unternehmen nur funktionieren, wenn du den Menschen, die die tatsächliche Arbeit machen, auch vertraust. Es ist absolut überlebenswichtig für das Team und dessen Erfolg, dass du einen Schritt zurücktrittst und die Leute das machen lässt, was sie machen sollen. H&B ist mein Baby. Ich hatte schon Eisberge erklommen, um es am Leben zu erhalten, und war seit mehr als fünf Jahren seine Haupternährerin gewesen. Es war also durchaus verführerisch, weiterhin in jeden Aspekt involviert zu bleiben. Ich hatte aber in den letzten anderthalb Jahren tatsächlich akzeptiert, dass mein Baby langsam seinen Kinderschuhen entwuchs, ich also physisch nicht alles mikromanagen konnte, sollte und wollte. Wenn ich versuchte, bei allem involviert zu sein oder alles selbst zu machen, dann würde das nicht nur den Fokus von dem wegnehmen, was ich am besten konnte und was ich tatsächlich auch am ehesten angehen musste, sondern es würde auch die anderen davon abhalten, in ihre jeweilige Rolle im Team hineinzuwachsen und das zu schaffen, was von ihnen erwartet wurde. Sie sind im Hauptquartier, um ihre ganz eigene Zutat in den Pott zu werfen, ihre eigenen Perspektiven und ihre eigene Arbeit. Das Hilfreichste, was ich also tun konnte, war, sie dabei zu unterstützen und kluge Menschen an Bord zu holen, die die jeweiligen Abteilungen gut führten, ihnen zu vertrauen, ihnen alles Nötige zu beschaffen, eine Vision zu etablieren, ihnen das große Ganze vor Augen zu führen, ihnen nicht im Weg zu stehen und sie gleichzeitig in ihrem Tun zu bekräftigen, damit sie es sich zu eigen machen, erledigen und schaffen konnten.

Das war ein wichtiger Moment der Selbsterkenntnis für mich, der sechs Jahre zu viel in Anspruch genommen hatte. Als ich all dies end-

Aufwachsen: Wie man alle aus dem Team zum Erfolg führen kann

➤ Nach vielen Versuchen haben wir einige Wege gefunden, um unseren Mitarbeitern auf jeden Fall das zu geben, was sie brauchen, um bei H&B zu florieren:

◼ Einarbeitung ist der Schlüssel. Wenn jemand neu anfängt bei uns, zeigen wir ihm alles, was wir hier zusammengestellt haben, was H&B ausmacht und für was wir stehen – wir nehmen uns also genügend Zeit, um ihm das Unternehmen, unsere Arbeit und unser Warum nahezubringen.

■ Jede Abteilung hat einen ==jeweiligen Manager==, der oder die alles genauestens im Auge behält, damit alle wissen, in welcher Spur sie fahren sollten, was wiederum bei der Überprüfung der Verantwortlichkeiten hilft. Es bedeutet auch, dass die Mitarbeiter einen direkten Kommunikationskanal haben, wenn sie etwas benötigen.

■ Wir erstellen einen 90-Tage-Plan für alle neuen Angestellten und deren Rolle hier, der aufzeigt, wie sich ihre Position auf die Tätigkeiten des gesamten Unternehmens auswirkt und zu ihnen beiträgt. ==Wöchentlich finden persönliche Gespräche== mit dem jeweiligen Manager statt, um die Erwartungen aller weiterhin offenzulegen und sicherzustellen, dass alle ihre Sachen im Griff haben.

■ Unser Personaldirigent sorgt dafür, dass alle schwierigen Situationen oder Gespräche auf neutrale, professionelle Art geregelt werden. Wenn etwas schiefläuft, geht es mehr darum, ==was anders gemacht werden muss==, als um die Person, die vielleicht die Erwartungen nicht erfüllt hat. Wir sprechen darüber, halten es fest, finden eine gütliche Lösung und richten dann einen FVP (Fortschrittsverbesserungsplan) ein.

■ Der wöchentliche Fortschrittsbericht ist eine ==Zusammenfassung== von jedem Tag ==in Echtzeit==, in dem Kundenrückmeldungen gesammelt werden und die Punkte der zukünftig zu erledigenden Aufgaben, damit die Manager und ich unsere Finger am Puls des Teams haben und so Probleme möglichst früh identifizieren können.

---

lich für mich realisierte, traf es mich wie eine Faust im Magen ... aber auf gute Art. Dies WAR der Weg nach vorn, als Team, NICHT MEHR als Einfraubetrieb. Diese Erleuchtung fand also ihren Weg zu mir, und ich musste jetzt anfangen, wirklich loszulassen. Ich brauchte immer noch einen kleinen Moment, um mich davon abzuhalten, instinktiv mitten hineinzuspringen und überall alles geradezurücken, aber irgendwann lernte ich (und damit werde ich wohl nie aufhören), eher die zuständige Person auf das Problem aufmerksam zu machen. Ein Unternehmen ist ein lebendes, atmendes Ökosystem, und es dauert, um es zum Wachsen zu bringen, aber es braucht vor allem das Loslassen, damit es zu dem werden kann, was es werden könnte – so war es zumindest bei H&B und mir.

Ein perfektes Beispiel dafür, wenn alle Zahnräder und Rollen harmonisch zusammenarbeiten – mit endlich den richtigen Menschen und Systemen an Ort und Stelle –, war dieser magische Black Friday im Jahr 2019. An diesem Punkt, also nach sieben Jahren und vielen aufgeschlagenen Knien während der H&B-Reise, befanden sich eine ganze Reihe der Teile an ihrem richtigen Platz. Wir hatten fantastische Designs und Produkte, einen eifrigen Trupp, optimierte Prozesse (und Back-up-Systeme, falls das eigentliche System mal versagen sollte), ein großartiges Team aus den besten Leuten, die hier sein wollten und wussten, was zu tun war. In Anbetracht all meiner anderen Leidensgeschichte erwartest du an dieser Stelle vielleicht ein großes ABER mit einer nachfolgenden Erzählung, wie dann alles in sich zusammenbrach, weil irgendetwas übersehen worden war oder auf einer fehlerhaften Logik basiert hatte.

Allerdings hatten wir nicht einfach irgendein System implementiert, sondern etwas, das für mich wie der Heilige Gral der strukturellen Errungenschaften war: ein ERP- (Enterprise-Resource-Planning-) System. Seit ich mal von diesem integrierten Softwaresystem gehört hatte, wollte ich eins haben. Es war wie ein riesiges Gehirn, das nicht nur mit dem Inventar verknüpft war, sondern auch mit seinen Quick-Books (der Buchhaltung), mit dem Versand, seiner Shopify-Online-handelsplattform und den Lieferanten, zudem steuerte es auch die Kosten, sodass wir auf allen Ebenen einen Überblick über alles, was hereinkam und hinausging, hatten. Das mag jetzt unfassbar nerdy klingen, aber mein persönlicher Polarstern war tatsächlich der Moment, als das ERP-System erfolgreich angelaufen war, und das galt erst recht für die Feiertage. Das bedeutete, dass wir das erste Mal in der Unternehmensgeschichte wussten, was hier verdammt noch mal alles passierte, innerhalb und außerhalb des Gebäudes – während der betriebsamsten Zeit des Jahres.

Zudem war dies nun die Zielgerade von etwas, das sich manchmal wie eine wilde Technikverfolgungsjagd angefühlt hatte. Ich hatte schon eine ganze Menge Berater, die sich damit eigentlich auskannten, an Bord geholt und wieder von selbigem geschmissen, und hatte mir soooo viele andere Unternehmen angeschaut, die verschiedene

Wenn man ein Unternehmen aus dem Nichts aufbaut, gibt man nicht mehr Geld aus, als man einnimmt, wenn man also etwas haben möchte, muss man es sich erst verdienen. Wenn man einen Computer oder einen Laptop oder spezielles Equipment oder ein ERP-System braucht, muss man das Geld dafür erst einmal finden.

ERST DIE TRÄUME, DANN DIE DETAILS

Systeme anboten. Wir hatten sogar ein paar von ihnen ausprobiert, die dann aber als unpassend empfunden. Ein Albtraum. Aber ich wusste, dass große erfolgreiche Unternehmen ERP-Systeme hatten, und ich wollte aus meinem Baby unbedingt ein großes erfolgreiches Unternehmen machen, also brauchten wir auch eins.

Und jetzt hatten wir eins, und es lief! Halleluja!

Als Nächstes mussten wir uns also beim Black Friday bewähren, mit dem ERP, das nun Teil unseres Instrumentariums war, und all den anderen endlosen, hart erarbeiteten Verbesserungen der letzten Jahre, einschließlich der sorgfältigen Auswahl des Personals, damit wir die besten Mitarbeiter hatten, die mit unserem Instrumentarium umgehen konnten.

Es war großartig, sogar besser, als ich es mir hätte vorstellen können. Wir wussten, wann Pakete ankamen. Wir wussten, wann Materialien ankamen. Das ERP-System informierte uns sogar darüber, wenn von einem Produkt weniger als 50 Exemplare vorrätig waren. Dann wurde eine Benachrichtigung an unser Team der Vorproduktion geschickt (das wir jetzt tatsächlich hatten), sodass es proaktiv Materialien für den Nachschub bestellen konnte, bevor wir sie tatsächlich brauchten. Mit unserem alten System hätten wir von der schwelenden Krise erst eine Woche später etwas mitbekommen, wenn unsere Regale leer gewesen wären und wir Weihnachtsbestellungen hätten erfüllen müssen, und zwar schnellstens.

Es hatte viele Momente in den letzten Jahren gegeben, in denen ich einen Sprung gewagt hatte, voller Selbstbewusstsein, dass ich das Richtige für mein Unternehmen und meine Mitarbeiter tat. Und oft war ich dabei hingefallen, mit Anlauf. Aber dieses Mal nicht. Das lag nicht einmal nur an dem ERP-System, auch wenn das eine große Sache war. Es lag an den Mitarbeitern und Mitarbeiterinnen. Und unserer Social-Media-Präsenz. Und den strategischen Partnern. Und dem großartigen lebenden, atmenden Schürzentrupp, der sich inzwischen über die ganze

Welt erstreckte. All das fand endlich zusammen. Auch wenn es ein kurviger und komplizierter Weg gewesen war, die verschiedenen Teile zusammenzufügen, die das Unternehmen brauchte, um zu wachsen und die Pubertät zu überstehen, so war es doch die richtige Art des Wachstums gewesen, im richtigen Tempo. Wir hatten durchgehalten, die Irrungen und Wirrungen überstanden. Und irgendwo auf diesem Weg waren wir als Unternehmen zu etwas zusammengewachsen, das aufploppenden Herausforderungen viel besser begegnen konnte, auch wenn sie immer noch kein Leichtes waren. Ich wusste, ich würde nicht nur diesen Black Friday überleben, komme, was wolle. Noch wichtiger war aber, dass ich wusste, H&B würde es auch überleben.

Auch wenn sich unsere Bestellung gegenüber dem letzten Black Friday verdoppelt hatten, hielten wir dem Ansturm stand. Mein Muskelgedächtnis lief sich definitiv warm, als ich sah, wie viel zu tun war. Das Hauptquartier summte vor lauter Menschen, die hin und her wuselten, die Aufgaben erledigten und ihren Workflow koordinierten, und dann war da noch der Lärm der Pakete, die gepackt und gestapelt wurden. Ich half ein wenig im Versand – knotete Schleifen bei einigen der Bestellungen –, aber ich bekam, wenn ich meine Hilfe anbot, meist folgende Antwort von meinem Team zu hören:

»Nein, wir haben das im Griff. Das sieht alles gut aus.«

Ich stand abwartend da, wollte eigentlich mitmachen, auch wenn sie es eindeutig alles unter Kontrolle hatten.

Aber letztendlich lief ich doch davon, vertraute ihnen, auch wenn das Packen der Pakete jahrelang Teil meiner Aufgaben gewesen war. Im ersten Moment fühlte ich mich unwohl dabei, weil es eine neue Empfindung war. Aber dann fühlte es sich fantastisch an, weil es die Krönung dessen war, worauf wir die ganze Zeit hingearbeitet hatten – und es funktionierte!

Was das Ganze noch besser machte: Jetzt, wo ich nicht mehr mitten im Arbeitsablauf steckte, sondern mein Team das handhabe, konnte ich das große Ganze überblicken und erkennen, wo meine Arbeit wirklich vonnöten war. Während ich den Versand beobachtete, statt mitzuhelfen, nutzte ich einen anderen Muskel: Ich beobachtete sie aus einer andere Perspektive, die eines Vogels, der über den Bäumen fliegt, anstatt im Nest zu sitzen. So erkannte ich viel mehr, weil ich nicht so sehr darauf konzentriert war, alles die ganze Zeit zu verbessern.

Das zuständige Team brachte nicht einfach nur alle Bestellungen auf den Weg, sondern war sogar noch besser. Als sie an dem Tag einen kleinen Notfall hatten (es gibt immer mindestens einen), fungierten sie als ihr hauseigenes 110. Sie hatten bemerkt, dass einige der Pakete über Nacht verschickt werden mussten und dass der UPS-Fahrer nicht rechtzeitig kommen würde, um sie abzuholen. Sie sammelten also diese Pakete ein und fuhren sie noch vor 18 Uhr selbst zum UPS-Shop, um sie für ein pünktliches Eintreffen auf den Weg zu bringen. Wir reden hier von Hunderten, wenn nicht gar Tausenden Bestellungen, die in einem großen Schwung auf den Weg gebracht wurden. Klar, es gab ein paar Schwierigkeiten, die gibt es immer. Aber meine Perspektive darauf hatte sich grundlegend geändert: Ich ging nicht mehr davon aus, dass sie das Ende der Welt bedeuten würden.

Außerdem hatte ich inzwischen, als Teil meines Plans, den Menschen in meinem Leben mehr Vertrauen zu schenken, genug Impulskontrolle, um mich nicht mehr bei allem einzumischen. Selbst während dieses Versandproblemchens war mir klar gewesen, dass sie alles im Griff hatten, ohne dass ich mich als Puffer hätte einmischen müssen. Und wir sprengten gerade unser Planziel. Sie brauchten von mir nicht mehr als meine Unterstützung und meinen Glauben an ihre Arbeit. Währenddessen dämmerte mir an irgendeinem Punkt: *Ah, stimmt, ich glaube, ich könnte jetzt jeden Tag einen solchen Tag haben. Ich muss mich nur dafür entscheiden, weniger gestresst zu sein und lieber den Menschen zu vertrauen, dass sie ihre Aufgaben erledigt bekommen und die nun formulierten Anforderungen erfüllen. Und die Personen, die vielleicht eindeutig doch nicht für ihre Rolle gemacht sind, entweder dabei zu unterstützen, besser zu werden, oder doch bei dem Übergang hin zu einer Stelle zu helfen, die sie glücklicher machen würde, um wiederum dann die Rosine für die nun freie Stelle herauszupicken.*

Ich rief Casey an, und unsere Gespräche waren nun das Gegenteil von denen, die wir zum Beginn unserer Beziehung geführt hatten, als ich ihn täglich angerufen hatte – manchmal sogar mehrmals am Tag, auf der Feuerleiter meines ersten Büros sitzend, mit tränenerstickter Stimme voller Verzweiflung über die neuesten Brände.

»Mein Team ist absolut großartig!«, sagte ich zu ihm. »Mein Team ist der absolute Hammer!«

Es stimmte, und es war ein unfassbares Gefühl, den erfolgreichsten Tag unserer Geschichte mit so viel weniger Katastrophen überstanden zu haben. Aber nichts verblüffte mich so sehr wie die Tatsache, dass ich um 18:30 Uhr im Auto saß und von der Fabrik wegfuhr. Es hatte nur sieben Jahre, Millionen von aufgeschrammten Knien und angeschlagene Egos gebraucht, aber jetzt standen wir hier, mit funktionierenden Abläufen! Es war wirklich ein unbeschreibliches Gefühl der Erfüllung und des Stolzes, das mein Team und ich gemeinsam erlebten. Das Schönste war jedoch, dass ich meinen Tag auf meine liebste Art und Weise verbringen konnte: Unser Hausschwein Oliver (ja, wir haben tatsächlich ein Hängebauchschwein als Haustier, das die meisten Nächte auf unserem Sofa verbringt) lag schnarchend neben mir, ich schaufelte in unserer Küche Resteessen mit Casey in mich rein, wir besprachen alles, planten den nächsten Tag und waren glücklich wie nie.

● ● ●

STATT ALSO MEINE HAND ÜBER ALLEN ABTEILUNGEN oder Stellen zu halten, akzeptierte ich, dass wir dem Team alles Nötige beigebracht hatten, damit sie selbst auf brillante Lösungswege kom-

Sechs Zutaten für ein wahres Team

● Lege klare Fahrspuren mit verdammt eindeutig formulierten Erwartungen fest: Was also brauchst du und willst du von dieser Person? DEUTLICHKEIT IST EINE FREUNDLICHKEIT!

● Alle Seiten müssen zuhören können – nimm und gib Feedback.

● Anpassungsfähigkeit – fühle dich wohl mit den unbequemen Aspekten des Wandels, während dein Team und dein Unternehmen wachsen und sich wandeln. Und weißt du, warum? Weil es passiert.

● Demütiger Enthusiasmus (er funktioniert tatsächlich für alle Bereiche des Lebens).

● Verantwortlichkeit mit Konsequenzen und positiver Rückmeldung.

● Ein alles überspannendes Ziel, auf das sich alle zubewegen.

men konnten. Und ich konzentrierte mich wieder auf das, was am Anfang das Wichtigste gewesen war: das größere Warum meines Traums.
Ich machte mich an alles, was ich gut konnte – Produkte designen,
eine Geschichte zu jedem Produkt erzählen, andere dafür begeistern –,
und an all das, was ich an mir noch verbessern konnten, nicht nur als
Chefin, sondern auch als Designerin und als Teil einer Community aus
Köchen und Träumern und Machern, die mich jeden Tag aufs Neue inspiriert. Es gibt einfach immer noch mehr zu machen und zu lernen,
neue Sachen auszuprobieren und Ideen zu realisieren. Wir sind immer
noch nicht perfekt (falls es das überhaupt gibt), aber wir haben definitiv einen Fortschritt zu verzeichnen! Es geht letztlich immer darum,
nicht das Ergebnis kontrollieren zu wollen, um all dem eine Chance zu
geben, sich von selbst zu entwickeln.

Es ist egal, wie viele Bücher du liest oder wie viele Stunden du bei
einem Coaching verbracht hast, auch wenn beides gute Ideen sind.
Es kann sich nur etwas ändern, wenn du dich dafür ENTSCHEIDEST,
deine Herangehensweise zu verbessern. Das kann ein sehr ungemüt-
licher Vorgang sein, wenn dir auffällt, dass das, was dich von A nach B
gebracht hat, für den Rest des Wegs nicht mehr funktioniert. Für mich
war es keine einfach Sache, mir einzugestehen, dass all die Arbeit, die
mir ein Unternehmen, eine Fabrik und Personal beschert hatte, nicht
genug war. Ich musste immer noch weiterwachsen, lernen und mich
weiterentwickeln. Und das, tja, für immer.

Das Abenteuer liefert täglich neue Krater. Es ist also nichts für
schwache Nerven, aber es gibt immer Wege, um es zu überleben,
welche die »Erst die Träume, dann die Details«-Perspektive aus-
gemacht und bei mir funktioniert haben.

Solange wir immer wieder aufstehen und weitermachen wollen,
werden wir einen Weg finden, es irgendwie zu schaffen. Du weißt
jetzt, wie ich es gemacht habe. Jetzt ist es also an der Zeit, dass du dir
deine Träume schnappst und dich auf den Weg machst.

Ellens wichtigste To-do-Liste

■ **Fang an**, auch wenn es gruselig ist, auch wenn noch nichts fertig ist. Das findet sich danach alles noch.

■ **Bring deine Idee in die Welt** und sei willens, zu lernen.

■ **Mache Sachen, die ein wenig gruselig sind**, um dir Markierungen in deinem Selbstbewusstseinsgürtel zu verdienen.

□ Fahr mit einem Panzer vor, aber wenn die Haustür nicht offen ist, **dann klettere durch das Fenster**.

■ **Feuere dich selbst an** und teile deine Idee mit demütigem Enthusiasmus.

- ☐ **Stelle Fragen**, fordere Feedback ein, **höre genau zu** und nutze die Informationen, die du von anderen bekommst.

- ☐ **Steh zu deinen Fehlern** – das gehört dazu, wenn man ein Geschäftsinhaber ist – und mach weiter.

- ☐ **Sei erfinderisch** und nutze das, was du hast, um das zu bekommen, was du nicht hast.

- ☐ **Rechne mit Rückschlägen** und spring trotzdem zurück ins Abenteuer.

- ☐ **Umgib dich mit anderen Träumern und Machern, um dich** inspirieren zu lassen und auf neue Arten zu wachsen.

- ☐ Lass den Überlebensmodus hinter dir – sobald du es geschafft hat, **verbessere alles immer und immer und immer wieder.**

- ☐ Suche dir Gleichgesinnte, bei denen du dich verletzlich zeigen kannst, und **versuche nicht, alles allein zu machen.**

- ☐ **Bekräftige dein Team,** damit sie glänzen können, und dann lass sie machen.

- ☐ **Versuche es immer und immer wieder,** auch im Angesicht von neuen Herausforderungen, immer und für immer.

Epilog

WACH
AUF
&
KÄMPFE

➡ **Mein Unterneh-
men wurde in einer
Restaurantküche
geboren, und sein
erstes und wichtigs-
tes Ziel war immer,
Restaurantköchen zu
dienen – damit sie
sich würdevoll und
stolz in ihrer Rolle
wiederfinden können.**

Klar, es ist weit über die Küchengrenzen hinausgewachsen in den letzten acht Jahren, aber Restaurants und ihre Köche werden immer ein Teil meines Unternehmens sein und mir immer nahe am Herzen liegen.

Als mir im März 2020 von immer mehr Restaurants und Mitgliedern meines Schürzentrupps zu Ohren kam, dass sie überall auf der Welt aufgrund der Covid-19-Pandemie ihre Läden schließen müssten, war ich vor Schreck und Ungewissheit gelähmt. Uns war schon aufgefallen, dass unsere Zahlen sanken. Ich wusste, dass diese Situation auch für H&B keine gute war, dementsprechend Sorgen machte ich mir um unsere Teammitglieder und darum, wie wir uns um sie kümmern könnten. Aber inmitten all der Geschehnisse und meiner Angst um mein Unternehmen versuchte ich auch, das Ausmaß des Leids und Verlusts auf der Welt zu erfassen.

Am 17. März wurde in Kalifornien der Lockdown verkündet. Ich huschte an diesem Freitag noch einmal in unser Hauptquartier und wollte mich noch ein letztes Mal mit allem eindecken, was ich brauchen könnte. Niemand wusste auch nur ansatzweise, wie lange diese Situation bestehen bleiben würde. Es konnte Monate dauern, wenn nicht sogar noch länger, bevor ich mal wieder vor meinem Reißbrett stehen würde. Wir hatten kurz vorher noch eine Last-Minute-Verkaufsaktion gestartet, um noch möglichst viel einzunehmen, damit wir die Zeit als Unternehmen überleben würden. Und dafür mussten noch alle Bestellungen, die an diesem Tag bis 17 Uhr eintrudelten, gepackt und versendet werden, bevor wir das Hauptquartier für unbestimmte Zeit verbarrikadieren würden. Casey war mitgekommen, um im Bedarfsfall auszuhelfen, um unserem Versandteam zu helfen, die Bestellungen zu verarbeiten, und zu schauen, dass danach alles ordentlich abgeschlossen wurde.

Während ich in meinem Büro stand, mich komisch fühlte wegen der Stille an diesem eigentlich so wuseligen Ort und wegen der

Zeitlinie einer Wende

FREITAG, 21. MÄRZ 2020		SAMSTAG, 22. MÄRZ 2020	
8:30 UHR	Ins Büro fahren, um alles für den Lockdown vorzubereiten	**4:00 UHR**	Mit Panikgefühl aufwachen. Sollen wir das wirklich machen!? Freunde anrufen und sie dazu befragen. Gillian spricht mir Mut zu. Sagt, wir müssten es machen.
10:00 UHR	Auf Instagram über den Tweet von Governor Cuomo stolpern		
MITTAGS	Die Nähmaschine schnappen und mit Materialien herumspielen	**10:00 UHR**	Masken auf die Webseite setzen. Dabei vor Angst fast in die Hose machen.
13:00 UHR	Dr. Bob anrufen, hat gerade keine Zeit	**10:30 UHR**	Näher/Näherinnen kommen in die Fabrik, um die Maschinen zu rekalibrieren. Alex druckt neue Vorlagen aus.
13:30 UHR	Noch mehr Muster nähen		
17:00 UHR	Dr. Bob noch einmal anrufen. Ihm fiel auf, sein Krankenhaus bräuchte auch Masken.	**MONTAG, 24. MÄRZ 2020**	
18:00 UHR	Seite auf Webseite aufbauen	**GANZER TAG**	Masken in der Herstellung: Stoff wird geschnitten, Vorlagen gedruckt, Markierungen gemacht, Materialien gesucht.
21:00 UHR	Arbeitsmuster fertigstellen	**MITTWOCH, 26. MÄRZ 2020**	
21:30 UHR	Fotos machen	Erste Masken werden versendet.	

• • •

10. AUGUST 2020	Fast eine Million Masken hergestellt. 275 000 Masken gespendet.

Überforderung, die mich überkam, weil ich nicht wusste, was ich alles brauchte, hielt ich kurz inne und schaute auf mein Handy. Mir fiel beim Scrollen durch Instagram ein Post des Fashiondesigners Christian Siriano aus New York City ins Auge. Der New Yorker Gouverneur Andrew Cuomo hatte verkündet, dass es einen kritischen Mangel an Gesichtsmasken und Schutzausrüstung für das Pflegepersonal und Menschen in anderen Bereichen an vorderster Front gab. Und der Designer hatte daher seine Näher und Näherinnen zur Maskenproduktion mobilisiert.

Ich betrachtete unser Nähareal, in dem eine Reihe nach der anderen voller Maschinen stand. Wir hatten alles, was nötig war, auch Regale voller Baumwolle und Chambray-Stoff, und eine neue Abteilung für Produktentwicklung, die so flexibel wie die besten da draußen sein konnte. Es gab etwas, das wir TUN konnten – nicht nur für H&B als Unternehmen, sondern auch für Ärzte und Krankenpfleger (wie meine Mutter) und für die normalen Menschen da draußen, und für das Allgemeinwohl!

Ich ging sofort ans Werk, wie ich es auch vor so vielen Jahren bei Cheffe Josef getan hatte, nachdem er mir von der Frau erzählt hatte, die Schürzen für ihn herstellen würde. Aber jetzt stand so viel mehr auf dem Spiel. Wir befanden uns inmitten einer internationalen Krise. Menschen starben. Es gab eine klare Notwendigkeit, und wir konnte etwas dagegen tun – alles andere würde sich danach finden. Ich googelte Masken und machte ein paar Skizzen auf der riesigen Rolle weißen Papiers auf meinem Schreibtisch. Ich sprach mit meinem Nähteam über meine Gedanken – Masken! –, möglichst viele herzustellen und das möglichst bald, und bat sie dafür um ihre Hilfe. Es wurde schnell deutlich, dass wir tatsächlich alles hatten, was es bräuchte, aber ich wollte sicherstellen, dass das Design es wirklich wert war, produziert zu werden. Ich wollte, dass es das gleiche Maß an Qualität hatte wie meine Schürzen.

Ich rief also den Mann meiner besten Freundin an, Bob Cho, einen Kinderchirurgen und der Personalchef im Shriners Children's Hospital in Los Angeles, um ihn zu fragen, was eine Maske können musste, um die Menschen zu schützen.

»Wir müssen das machen«, sagte ich zu ihm. »Ich will das machen. Sag mir, was du bei so einer Maske bräuchtest. Ich will dir zeigen, was wir können, und ich bring dir welche vorbei.«

Er war inzwischen an meine Dringlichkeit gewöhnt, aber dieses Mal ging es um etwas.

»Ich weiß nicht, ob das so eine gute Idee ist«, erwiderte er. »Aber ich hab gerade irre viel zu tun. Ich muss ein paar Anrufe entgegennehmen. Lass uns im Laufe des Nachmittags noch mal sprechen.«

Ich legte auf und machte mich wieder an die Arbeit. Der Sprung war schon gemacht, und mich konnte jetzt nichts mehr auf den Boden zurückholen. Als mich Dr. Bob, wie ich ihn nenne, später zurückrief, hatte ich bereits sechs verschiedene Modelle ausgearbeitet, die ich ihm zeigen konnte. Aber er hatte eine wirklich verstörende Neuigkeit direkt von der vordersten Front: Er hatte gerade erfahren, dass sein gesamtes Krankenhaus kaum noch Arbeitsmaterialien hatte und sie auch sofort Masken bräuchten.

Uns fiel beiden auf: *Das hier musste einfach funktionieren.*

Es war inzwischen Freitagnachmittag, also derselbe Tag, an dem mir die Idee gekommen war. Ich postete ein Foto von mir mit einer meiner sich in der Entwicklung befindlichen Masken auf Instagram und schrieb dazu, dass wir momentan an einem Prototyp arbeiteten. Der Post erhielt in kürzester Zeit 7000 Likes und eine Welle an positiven Kommentaren.

In mehreren FaceTime-Sitzungen erarbeiteten Dr. Bob und ich einen Plan für eine Maske, die unser Basismodell werden würde, das ich nach einem meiner liebsten Mottos benannte: »Wake up and Fight«, also »Wach auf und kämpfe«. Für all jene, die an vorderster

Front zu kämpfen hatten und somit ernst zu nehmenden Schutz brauchten, konnten Filter eingeschoben werden. Klar würden sie nicht die N95, die chirurgischen oder die OP-Masken ersetzen, die für Krankenhäuser und Pflegeeinrichtungen vorgeschrieben waren, aber diese Masken waren nun einmal nicht in der Menge vorrätig, wie (und wo) man sie jetzt dringend brauchte. Und unsere »Wake up and Fight«-Masken konnten somit wenigstens als Alternative angeboten werden. Sie waren für die Normalverbraucher dieser Welt eine wunderbare Option, um sie in der Öffentlichkeit zu tragen. Mithilfe meines Nähteams hatten wir am Ende des Tages unseren ersten Prototyp. Wir setzten uns mit unseren Verkäufern in Verbindung, um sicherzugehen, dass wir das wirklich durchziehen könnten. Wir *konnten* es. Würden wir es?! JAA, wir waren schon voll dabei!

Gegen 21 Uhr an diesem Abend waren wir von einer Schließung des Fabrikgeländes am Morgen zu der Vorbereitung eines neuen

◀

Das iPhone-Foto, das wir auf unserer Website posteten und das eine Wende unseres Unternehmens einläutete

Produkts umgeschwungen. Nachdem das Herstellungsteam die Fabriklichter ausgeschaltet und die großen garagenähnlichen Tore fürs Wochenende heruntergelassen hatte, waren Casey und ich die letzten zwei Menschen im Hauptquartier. Wir wussten, wir mussten Fotos von den Masken machen, damit wir sie online schalten konnten. Statt eines typischen Shootings, dem sonst eine wochenlange Planung, E-Mails und mehrere Teams vorausgingen, holten wir unsere riesige makellose Kulisse, die ungefähr 2,5 mal 2,5 Meter groß ist, aus unserem Fotostudiobereich. Wir schleppten sie durch den Ausstellungsraum, um die Kaffeebar herum, an der Rutsche vorbei und mitten in die Küche, weil hier abends das Licht am besten war. Casey begab sich auf alle viere und benutzte Toilettenpapier, um die Masken auszufüllen, damit er sie mit seinem Handy fotografieren konnte. Dann schlug er vor, ich solle mal eine aufsetzen. Die Fotolichter leuchteten mich hell aus. Er schaute mich von oben bis unten an.

»Vielleicht ein klein wenig lächeln?«, schlug er auf seine liebevolle Art vor.

Ich zog einfach meine Augenbrauen nach oben zur Antwort, verstand aber, was er meinte. Ich war emotional völlig am Ende, wusste aber, dass er recht hatte. Ich lächelte, aber nicht ohne vorher zu meiner Mascara gelaufen zu sein, um im Dunkeln welche aufzutragen. Als ich wieder von meinem Büro zurück zur Küche flitzte, fiel mir ein gelber Lichtblick an der Wand in der Produktentwicklungsabteilung auf – ein Bandana, das ich heiß und innig liebe. Ich band es mir als Farbfleck zusätzlich um den Hals. Klick. Wir hatten unser Foto im Kasten.

Eine Dreiviertelstunde später sendeten wir es zur Bearbeitung an unseren Marketingleiter Aviv. Via FaceTime besprachen wir alle Details, bis wir zufrieden waren. Er arbeitete daran, die Fotos, die unter wirklich unterirdischen Bedingungen geschossen worden waren, aufzupolieren, damit sie hell und glänzend aussehen würden, als wären sie professionell aufgenommen worden. Wir verfassten mithilfe unseres Teams und einigen von Dr. Bobs Vorgaben unsere Texte.

Völlig erledigt fielen wir am Ende dieses sehr langen, ereignisreichen Tags ins Bett. Ich wachte allerdings am nächsten Morgen gegen 4 Uhr wieder auf, hellwach. Alles war bereit. Wir mussten nur noch den Abzug betätigen. Mich überkamen Zweifel. *War uns dies wirklich ernst? Sollten wir es tun? Das ist doch verrückt.*

Aber irgendwo in meinem Inneren – wie damals mit den Schürzen – wusste ich, dass es richtig war. Ich wusste, dass dies meine tiefere Bestimmung als Mensch war. Ich schrieb unserem neuen, baldigen Betriebsleiter eine Nachricht, in der ich ihn fragte: »Bist du wach?« Er befand sich gerade mitten im Umzug von Texas nach LA, und ich hatte mir gedacht, dass er vielleicht auf sein könnte. Es stellte sich raus, dass er es nicht war, also schrieb ich als Nächstes meiner Freundin Gillian. Während ich also im Dunkeln saß, über den Ausgang dieser Idee grübelte und darüber, was passieren würde, wenn es schiefginge, beruhigte sie mich. Wir hatten es hier mit einer Pandemie zu tun. Das war nichts Einfaches. Es ging um die Gesundheit der Menschen. Aber wir mussten etwas unternehmen, es wenigstens versuchen. Ich sprang vom Dock meines mir bekannten Lebens und in das völlig Unbekannte. Bereits am Samstagnachmittag hatten wir unsere Masken auf der H&B-Webseite veröffentlicht, mit einem »Kauf eine, spende eine«-Modell: Für jede verkaufte Maske würden wir eine weitere an jemanden in der Pflege spenden.

Zum Ende des Wochenendes hatten wir unseren Nähbereich überarbeitet, damit dort nicht nur Masken anstelle der Schürzen hergestellt werden konnten, sondern auch jede Nähmaschine mit genügend Abstand zu ihrem Nachbarn stand, damit unsere Näher und Näherinnen bei der Arbeit sicher waren. Wir heuerten Unterstützung für unseren Kundenservice an und für einen schnelleren Versand noch ein zusätzliches Warenhaus. Wir suchten uns Gum-

◄

**Umstellung des
Nähareals bei H&B
von Schürzen- auf
Maskenproduktion**

miband, kauften Paletten voll Material, telefonierten, arbeiteten rund um die Uhr, ohne eine Ahnung vom Wochentag zu haben oder gar von der Uhrzeit. Unsere Testküche, die bis dato so viele Köche und Gäste willkommen geheißen hatte und in der so viele übervolle Events ausgerichtet worden waren, hatten wir in eine zweite Versandstation verwandelt, wo die Masken sortiert, gezählt und für den Versand vorbereitet wurden. Alles natürlich von Mitarbeitern, die selbst Masken trugen – die neue Normalität, mindestens für diese Saison.

Die gute Seite an dieser Wende war, dass wir so Jobs schufen und die unserer Mitarbeiter, Partner und Verkäufer erhalten konnten. Das waren immerhin allein in LA 150 Menschen. Und dann, während wir unsere weltweit verteilten Lieferanten kontaktierten, die ihre Fabriken dichtgemacht hatten, und sie baten, wieder zu öffnen, damit sie unseren Bedarf decken konnten, bedeutete das sogar noch mehr gerettete Jobs. Unser Lieferant in Kolumbien erzählte uns, dass 1000 Menschen in seiner Fabrik arbeiteten, die sie nicht hätten halten können, wenn die Fabrik länger geschlossen geblieben wäre. Wir hatten innerhalb von zwei Monaten bereits eine halbe Million Masken hergestellt und 200 000 gespendet. Es fühlte sich unglaublich an, etwas Greifbares zu machen, etwas Hilfreiches für unsere Community, im Angesicht einer so überwältigenden Verheerung, und mit dem Wissen, dass sich die Gastronomiebranche davon vielleicht nie wieder ganz erholen würde.

Das ist der frohe, der inspirierende Teil dieser Geschichte.

Aber die Wahrheit ist, dass es fast exakt dieselbe Reise war wie jene, die ich damals für meine Schürzenherstellung unternommen hatte. Klar, meine Ressourcen und Systeme und mein Team sind widerstandsfähiger als jemals zuvor, aber dennoch habe ich ebenso viele Schläge ins Gesicht ertragen müssen wie in den ersten Tagen von H&B. Und fast genauso viele Menschen hatten mich jetzt von den Seitenrändern angeschrien wie damals, während das Risiko jetzt um ein Vielfaches höher war. Es gibt keine magische Formel, die alle Schwierigkeiten verschwinden lässt, auch nicht mit Erfahrung und Perspektive. Aber ich habe inzwischen mein Depot aus nicht ganz so geheimen Waffen, das mich leitet: das Motto »Steh auf und kämpfe« und das Wissen, dass man etwas bewirken kann, wenn man dem »Erst die Träume, dann die Details«-Weg folgt. Das ist genau das, was wir gemacht haben – erneut.

Und klar, einiges ist schiefgelaufen. Bei 300 000 Masken, die wir genäht, verpackt und an Kunden auf der ganzen Welt versendet haben, gab es danach ungefähr 3000 Beschwerden. Ich weiß, dass dies aus statistischer Sicht ganz schön gut ist, aber es sind die unzufriedenen Kunden, die mich nachts wach halten, nicht nur, weil ich sie glücklich machen will, sondern weil ich – immer – besser werden will. Ironischerweise stehen wir nun vielen derselben Probleme gegenüber wie zur Anfangszeit mit den Schürzen – Größenprobleme, Passprobleme, und schließlich wie man Masken herstellt, die bei allen wie angegossen sitzen. Und wieder einmal waren die Bänder das größte Ärgernis. Und wieder einmal mussten wir den Menschen beibringen, wie man die Masken richtig trug, wie man sie waschen musste. Wir haben uns jeden positiven Kommentar und jede Beschwerde zu all diesen Details angehört. Wir sind wieder und wieder zum Zeichenbrett zurückgekehrt, um immer und immer wieder diverse verschiedene Aspekte zu überarbeiten. Und wir sind immer noch nicht fertig. Wir werden sie so lange weiter überarbeiten, bis unser Produkt so gut ist, wie es sein kann, und wenn es ewig dauert.

Trotz all der Fähigkeiten, die ich erlernt, und den Erfahrungen, die ich gesammelt habe, und vor allem trotz dieses unglaublichen Teams, das mich unterstützt, braucht es immer noch wahnsinnig viel Mut, um ins Ungewisse zu hüpfen. Aber ich habe inzwischen eine viel klarere Sicht auf mein größeres Warum. Während also die Welt stillsteht, rennen wir – für uns selbst, für unser Unternehmen, für die Menschen um uns herum und für uns gegenseitig. Und das ist gruselig und angsteinflößend und wunderbar. Ich arbeite härter und mehr als jemals zuvor, aber ich würde es niemals anders wollen oder machen.

Wie mit unseren Schürzen haben wir auch hier viele Fehler bei den Masken gemacht, aber wir geben uns wirklich viel Mühe. Und ich glaube, solange man es ernst meint mit etwas und man den Menschen erklärt, dass man daran arbeitet, dass man es verbessert, kommen sie einem dann auf halbem Weg entgegen.

An manchen Tagen muss ich mich einfach daran erinnern, dass wir auch hätten sagen können, wir sitzen das aus. Stattdessen sind wir ins Meer gehüpft und um unsere Leben geschwommen und helfen jetzt Tausenden von Menschen dabei, sicherer zu sein, Teil dieser »Wach auf und kämpfe«-Bewegung zu sein. ==Es geht niemals nur um das Produkt, sondern immer auch um das Warum hinter dem, was du tust.==

Inzwischen habe ich so viel mehr hilfreichen Kontext im Rücken, aber dennoch mache ich weiterhin Fehler, weil das Leben nun einmal voller Schlaglöcher ist auf dem Weg hin zu einem Ziel. Basta. Es ist nun einmal die harte Wahrheit, dass du dir vorher nie alle Szenarien ausmalen kannst, die schiefgehen könnten. Du möchtest etwas erreichen? Jeder Erfolg ist mit Niederlagen verbunden. Das eine gibt's nicht ohne das andere, und das ist völlig in Ordnung.

Ich möchte dir damit keine Angst einjagen. Das ist einfach Teil deines Jobs als Gründer oder Gründerin. Es ist Teil deines Jobs als Mensch. Was auch immer passieren wird, du hast es verdammt noch mal versucht. Darauf solltest du wirklich stolz sein. Der Erfolg liegt darin versteckt, wie mutig du dich den unbequemen Aspekten stellst, die auf dich zurollen, und wie transparent, hilfreich und schnell du sein kannst, um es wieder geradezubiegen.

Die Pandemie ist eine globale Tragödie und eine Minitragödie in der Gastronomiewelt an sich. Keins meiner Worte kann dies ändern. Aber was mir im Laufe der Zeit aufgefallen ist, ist die Tatsache, dass es immer etwas Größeres gibt, eine Herausforderung, eine Notwendigkeit, ein Ruf zu den Waffen, ein Grund, aufzuwachen und zu kämpfen. Daher solltest du am besten darauf vorbereitet sein, denn die Welt braucht deine Zauberkraft mehr, als du denkst. Wir sehen uns da draußen im Meer des Lebens. Los, los, los geht's!

Danksagung

➤ DANKE AN: meine unfassbar effektive, überzeugende und starke Mutter, die meine Schwester und mich gelehrt hat, durch die Wände des Lebens zu rennen, indem man nie über sie nachdenkt und es einfach macht.

Meine Schwester Melany, für dein riesiges Herz und deine gefühlvolle Art, die dich immer weit oben bei den Wolken des Lebens schweben lässt. Du bist einzigartig.

Mario, mein Onkel von einer anderen Mutter. Ich hoffe, du weißt, dass ich möglichst viele Abenteuer in mein Leben stopfe. Danke, dass du mir gezeigt hast, wie.

Opa Hedley und Oma Elsa, dafür, dass ihr so spleenig mit euren Schildkröten und Dänischen Doggen wart, dass ihr um 16 Uhr Tee trankt, dass ihr die *Encyclopædia Britannica* gelesen habt, und Oma dafür, dass du immer anmutig warst und die perfekten Locken hattest. Ich wünschte, ihr wärt hier gewesen, um uns aufwachsen zu sehen, aber ich weiß, dass ihr von oben auf uns herunterschaut. ♥

Meinem Papi, dafür, dass du Anleitungen immer von vorn bis hinten liest, dass du mit mir das Lesen *so exzessiv geübt* hast und meinem 13-jährigen Ich das Fahren mit Gangschaltung beigebracht hast. Als ich klein war, hast du mich dazu gebracht, dass ich mir alles erst verdienen musste, und dafür bin ich dir auf ewig dankbar.

Casey, meinem Ehemann und Co-Piloten, dafür, dass du die Ruhe in meinem Sturm bist. Als wir uns trafen, war es nicht wie zwei Hälften, die zu einem Ganzen werden. Es waren zwei Ganze, die zu fünf wurden. Du bist so dermaßen mein Gegenteil – wir drücken und ziehen, aber kommen dabei immer weiter nach vorn.

Onkel Ted, dafür, dass du meine Tausenden Fragen nie bewertet hast, und für jede Aufmunterung und all die vielen Sandwiches, wenn ich sie am meisten gebraucht habe.

Sarah Tomlinson, dafür, dass du zwei Jahre mit mir verbracht hast, jedes Telefonat mit einem Lächeln verschoben hast, dir jede meiner Abenteuergeschichten angehört hast. Mit deiner netten brachialen Gewalt hast du mich über die Ziellinie getragen. In diesem Buch geht es um Durchhaltevermögen, und du warst ein perfektes Beispiel dafür. Ungelogen, danke, dass du mir geholfen hast, einen Eintrag auf meiner Bucket-List, das Schreiben eines Buches, abhaken zu können, dass du einen Kopf voller Gedankenkuddelmuddel in etwas verwandelt hast, das hoffentlich andere inspirieren wird. Ich hätte es tatsächlich nicht ohne dich geschafft.

Nicole Tourtelot, dafür, dass du so viel mehr bist als eine Agentin, eher wie ein Lebenscoach. Du warst auf so viele Arten eine Fluglotsin für all das, was später dieses Buch werden sollte. Normalerweise überzeuge ich andere von Sachen, aber dieses Mal hast du mich von etwas überzeugt; das bewundere ich wirklich, und ich habe wahnsinnig viel von dir gelernt. Danke sehr.

Leah Trouwborst, dafür, dass du für dieses Buch gekämpft hast, und dafür, wie du alles, was dir in den Weg geworfen wird, mit Neugier und einem Verbesserungswillen begegnest. Du hast uns geführt, aber du hast dich auch mitten in die Gräben mit uns begeben, hast uns geholfen, die Sachen zu sortieren und zu verstehen und daraus dann ein Buch zu machen, das hoffentlich andere Menschen dazu inspiriert, mehr aus ihrem Leben zu machen.

An das ganze Portfolio-Team, vor allem Niki Papadopoulos. Und unbedingt vor allem Adrian Zackheim; seit unserem ersten Treffen wirst du mit deiner Energie und Perspektive auf alles immer der Mittelpunkt jedes Raumes; ich wusste, du bist der Richtige. Es half so immens, dass du genau wusstest, wovon ich redete. Ich hätte nicht stolzer oder glücklicher sein können, als ich Teil der Portfolio-Familie wurde. Für mich ist Portfolio genau das, was gutes, ernst gemeintes Publizieren ausmacht, und, Adrian, du bist so ein großer Teil dessen und machst alles so gut.

Alaina Sullivan, dafür, dass du geholfen hast, dass Buch mit deinem visuellen Storytelling zum Leben zu erwecken, dass du das genommen hast, was du in meinem Kopf gesehen hast, und es auf eine unbeschreibliche Weise aufs Papier gebracht hast. Du hast perfekt hereingepasst, als wärst du schon immer da gewesen, und hast das Buch mit deiner Grafik komplementiert.

Meinem H&B-Team dafür, dass sie so dermaßen professionell sind und zeitgleich unermüdlich das nächste Kapitel verfolgen. Ihr inspiriert mich täglich. Dem O.G.-H&B-Trupp, vor allem Kevin, Daisha, Allie, Marissa, Rachel, Noelle, Marty, John. Danke, dass ihr ein Kapitel eures Lebens mit einem meiner Kapitel geteilt habt. #ForeverApronSquad #ForeverHustle

Alle, die je an H&B geglaubt und auf dem Weg geholfen haben, vor allem aber: Iain Shovlin, Nona Farahnik Yadegar, John Adler, Aleksey Berezin, Patty Rodriguez, Richard und Jazmin Blais, Gavin Kaysen, Caue Suplicy (Barnana), Ben Goldrisch, Evan Funke, Aaron Silverman, Omid Davoodi, Gary Fleck, Marc Vetri, Dana Cowin und Barclay, Courtney Smith, Denise Restari, Shelley Phillips, Nic Tran, Chris Toy, Billy Dureny, Darren Litt, Chuck Berk, Ricky Schlesinger, Stephanie Izzard, Iris Caplowe, Brett Shirreffs, Ali Cayne, Josef Centeno, Alton Brown, Bryan Voltaggio, Michael Voltaggio, Nancy Silverton, Neil Fraser, David Chang, Martha Stewart, Jonathan Waxman, Neil und Cath, Garret, Diane, Tori, Ryan, Becca, Jasmine, Brittany.

▲ In meiner Küche zu Hause, über das ganze Gesicht strahlend für die *New York Times*

Über die Autorin

➤ Ellen Marie Bennett ist Gründerin und CEO von @hedleyandbennett, einer Marke für Küchenausrüstung, die richtig, verdammt gute Schürzen und Ausrüstung für Menschen herstellt, die das Kochen lieben. Sie war Köchin bei Bäco Mercat und dem zweifach mit dem Michelin-Stern ausgezeichneten Providence in Los Angeles, als eine Inspiration sie überkam, die Schürzen zu verbessern. H&Bs kultiges kaufmännisches »&« wird nun in Küchen überall auf der Welt getragen. Kollaborationen entstanden mit Rifle Paper Co., Vans, Madewell und anderen. Ellens Abenteuern kann man auf ihrem Instagram-Account @ellenmariebennett folgen. Sie lebt mit ihrem Ehemann Casey, ihrem Schwein Oliver (@oliverspigadventures) und ihren fünf Hühnern in Los Angeles.